Power BI+AI
智能数据分析与可视化
从入门到精通

康亮环 李杰臣 编著

北京理工大学出版社
BEIJING INSTITUTE OF TECHNOLOGY PRESS

图书在版编目（CIP）数据

Power BI+AI 智能数据分析与可视化从入门到精通 / 康亮环 , 李杰臣编著 . -- 北京 : 北京理工大学出版社 , 2024. 9.

ISBN 978-7-5763-3891-1

Ⅰ . TP317.3

中国国家版本馆CIP数据核字第2024UT0700号

责任编辑：王晓莉　　　　　**文案编辑**：王晓莉
责任校对：周瑞红　　　　　**责任印制**：施胜娟

出版发行 / 北京理工大学出版社有限责任公司

社　　址 / 北京市丰台区四合庄路6号

邮　　编 / 100070

电　　话 / （010）68944451（大众售后服务热线）

　　　　　　（010）68912824（大众售后服务热线）

网　　址 / http://www.bitpress.com.cn

版 印 次 / 2024年9月第1版第1次印刷

印　　刷 / 三河市中晟雅豪印务有限公司

开　　本 / 787 mm×1020 mm　1 / 16

印　　张 / 15

字　　数 / 248 千字

定　　价 / 89.80 元

PREFACE | 前 言

微软公司推出的 Power BI 是一种自助式数据分析工具，具有界面友好、操作简单、学习门槛低等优点。没有信息技术背景的用户也能使用 Power BI 完成数据的处理和分析，将庞杂抽象的数据转化为直观易懂的交互式可视化报表，并基于云技术共享报表，让企业上下随时随地都能跟踪各项业务的运行状况。本书是为新手编写的数据分析与可视化教程，循序渐进地讲解了 Power BI 的核心功能和实际应用。

◎内容结构

本书共 13 章，可大致划分为 3 个部分。

第 1 部分是第 1 ～ 3 章，主要讲解 Power BI 的基础知识和基本操作，并介绍 AI 工具的基本使用方法及 AI 工具在数据处理和分析中的应用。

第 2 部分是第 4 ～ 12 章，按照数据分析与可视化的工作流程搭建内容框架。第 4 章主要讲解如何从不同的数据源获取数据。第 5 ～ 7 章主要讲解如何对获取的数据进行清洗、整理和结构重塑，以提高数据的质量，其中第 7 章还讲解了如何借助 AI 工具快速掌握和应用 M 语言，游刃有余地应对复杂多变的数据处理任务。第 8、9 章主要讲解数据建模，包括如何在数据表之间建立关系，以及如何通过 DAX 公式创建计算列、计算表、度量值，丰富数据模型的信息量。第 10、11 章主要讲解数据可视化，包括报表的设计、视觉对象的制作和应用等。第 12 章主要讲解如何在 Power BI 服务中完成报表发布、仪表板制作、团队协作与共享等。

第 3 部分是第 13 章，通过一个综合实例帮助读者回顾和巩固所学内容。

◎编写特色

★创新思维，AI 赋能：飞速发展的 AI 技术正在重塑整个世界。本书紧跟时代步伐，致力于探索让前沿技术在一线"打工人"的学习和工作中真正"落地"的创新思维。读者将学会利用 AI 工具改进学习方式、优化工作流程，打造独一无二的核心竞争力，在新时代的浪潮中扬帆远航。

★**讲解易懂，案例实用**：本书的内容基本涵盖了在 Power BI 中进行数据分析与可视化的完整流程，通过浅显易懂的文字解说配合清晰直观的截图讲解知识点。书中的案例都是根据实际的应用场景精心设计的，具备较强的实用性和代表性，以便读者进行举一反三。

★**资源齐备，自学无忧**：本书配套的学习资源包含案例涉及的素材文件和结果文件，读者可以边学边练，在实际动手操作中加深理解，学习效果立竿见影。

◎读者对象

本书适合希望高效地处理和分析数据的职场人士和办公人员阅读，也可供学校师生或数据可视化爱好者参考。

由于数据分析技术和 AI 技术的更新和升级速度很快，加之编者水平有限，本书难免有不足之处，恳请广大读者批评指正。

编　者
2024 年 7 月

CONTENTS | 目 录

第 4 章　获取数据

第 5 章　整理和清洗数据

第 6 章 数据结构重塑

第 7 章 利用 AI 工具快速掌握 M 语言

第 8 章　数据建模：定义关系

第 9 章　数据建模：DAX 计算

第 10 章　数据可视化：报表设计

第 11 章　数据可视化：视觉对象制作与应用

第 12 章 ▶ Power BI 服务

第 13 章 ▶ Power BI 实战演练

第1章
Power BI 概述

日报、周报、月报、年报……各种报表周而复始，什么时候才是尽头？

生产进度、销售业绩、库存动态……数据的来源和格式五花八门，怎么才能把它们井然有序地整合在一起？

条形图、柱形图、折线图……老板已表示审美疲劳，如何让图表变得高端、大气、上档次？

…………

无须焦虑，从现在起，只要你跟随本书学习强大的商业智能工具 Power BI，这些问题都将迎刃而解。

▌1.1 什么是 Power BI

通过对数据进行深度的挖掘与分析，可以获得有价值的知识。在大数据时代，数据量呈爆发式增长，数据的挖掘与分析必须借助计算机来完成，商业智能（Business Intelligence，BI）便应运而生。商业智能又称商务智能，泛指将企业中现有的数据转化为知识，辅助企业经营决策的方法和技术。

传统 BI 的数据分析是由企业中专门的信息技术部门或团队来完成的。随着需要分析的数据越来越多，传统 BI 也暴露出即时性和灵活性不足等缺点，企业迫切需要让不具备信息技术专业背景的业务人员、领导层等也能加入数据分析的队伍，因此，比传统 BI 更灵活、更易于上手的自助式 BI 便登场了。

本书要介绍的 Power BI 便是一种先进的自助式 BI 软件。它由微软公司推出，能连接数百个数据源，简化数据的准备工作，即时完成数据的统计分析，并生成交互式的可视化报告，发布到网页和移动设备上，供相关人员随时随地监测各项业务的运行状况。Power BI 既可作为员工的个人报表和可视化工具，又可用作项目组、部门或整个企业背后的分析和决策引擎。

1.2 为什么要使用 Power BI

说起数据处理和分析软件，大多数人首先想到的可能会是 Excel。既然 Excel 已经可以统计和分析数据，制作报表和图表，那么微软为什么还要开发 Power BI 呢？

Excel 作为一个大众化的数据处理和分析软件，用于日常办公没有任何问题。但是在大数据时代，由于数据源种类繁多，数据量成倍增长，Excel 处理起来就显得力不从心。微软在意识到这个问题后，在推出 Excel 2010 时增加了一个名为 Power Query 的插件，该插件可连接多种数据源，且处理数据的能力较强，弥补了 Excel 的不足。Excel 2016 更是直接将 Power Query 的功能嵌入到了"数据"选项卡下。随后，微软又在 Excel 中相继增加了 Power Pivot、Power Map、Power View 插件。

通过开发 Power Query、Power Pivot、Power Map、Power View 这 4 个 Excel 插件，微软摸索出了自助式 BI 软件的产品路线，最终推出了 Power BI。Power BI 并不是上述 4 个插件的简单集成，它的功能更加强大，操作却更加简单。例如，要制作高级的交互式动态图表，用 Excel 除了要精通公式、函数、VBA，还要执行烦琐的操作；而用 Power BI 只需单击几下鼠标就可以轻松完成，而且效果更加专业。

因此，还在使用 Excel 的数据分析人员，都应该来试一试 Power BI，它一定能让你的工作效率发生质的飞跃。下面列举使用 Power BI 的几大理由。

- 可处理的数据来源更多、数据量更大：Power BI 可以连接多种类型的数据源，而且处理大量数据的效率也很高。
- 视觉对象种类繁多、效果酷炫：Power BI 除了预置种类全面的常用视觉对象之外，还提供了丰富的自定义视觉对象库，供用户免费下载使用。
- 软件更新速度快：Power BI 自发布以来，几乎每月都要更新一次，每次更新除了会修补软件漏洞，还会改进已有功能或增加新的功能，以提升用户体验。

1.3 Power BI 的组成部分

Power BI 主要包含以下 3 个组成部分：
- Power BI Desktop：可在本地计算机上安装的应用程序，用于处理数据和制作报表。
- Power BI 服务：基于云的服务，用于发布和共享报表、进行团队协作等。
- Power BI 移动版：可在手机等移动设备上安装的 App，用于实时查看报表。

具体使用 Power BI 的哪一部分取决于用户在项目或团队中的角色。例如，负责处理数据的一线员工主要使用 Power BI Desktop 和 Power BI 服务制作报表和仪表板，并使用 Power BI 服务共享报表和仪表板；领导层主要在办公室的计算机上使用 Power BI 服务查看制作好的报表和仪表板；需要经常出差在外的销售业务负责人则主要在手机上使用 Power BI 移动版查看制作好的报表和仪表板。

当然，同一个人也有可能在不同的时间使用 Power BI 的不同部分，但是不论如何使用，通常都要遵循下面的工作流程：

- 在 Power BI Desktop 中导入数据，并创建报表。
- 将报表发布到 Power BI 服务，可在该服务中创建新的视觉对象或构建仪表板，并与他人（尤其是出差人员）共享仪表板。
- 在 Power BI 移动版中查看共享的仪表板和报表，并与其交互。

1.4　Power BI 的构建基块

在 Power BI 中，不管要完成的任务有多复杂，都可以分解为针对数据集、视觉对象、报表、仪表板、磁贴等构建基块所执行的操作。下面就来认识这些构建基块。

1．数据集

数据集来自数据源，是 Power BI 用于创建视觉对象的数据集合。图 1-1 所示为来自 Excel 工作簿中单个表的数据集。有了数据集后，就可以创建以不同方式显示该数据集的视觉对象，为创建报表做好准备。需要注意的是，新版本的 Power BI 已将数据集更名为"语义模型"。

	A	B	C	D	E	F	G
A1		fx	Segment				
1	Segment	Country	Product	Discount Ba	Units Sold	Manufacturing Pri	Sale Price
2	Government	Canada	Carretera	None	1618.5	$3.00	$20.00
3	Government	Germany	Carretera	None	1321	$3.00	$20.00
4	Midmarket	France	Carretera	None	2178	$3.00	$15.00
5	Midmarket	Germany	Carretera	None	888	$3.00	$15.00
6	Midmarket	Mexico	Carretera	None	2470	$3.00	$15.00
7	Government	Germany	Carretera	None	1513	$3.00	$350.00
8	Midmarket	Germany	Montana	None	921	$5.00	$15.00
9	Channel Partners	Canada	Montana	None	2518	$5.00	$12.00

图 1-1

2．视觉对象（可视化效果）

视觉对象又称为可视化效果，是数据的可视化表示形式，如图表、图形、彩色地图或其他可以直观呈现数据的有趣事物。视觉对象可以很简单，如一个表示重要指标的数字；也可以很复杂，如一张展示国民幸福程度的颜色渐变图。图 1-2 所示为使用 Power BI 将数据可视化后得到的多种视觉对象。

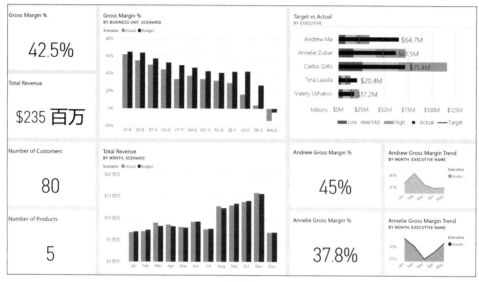

图 1-2

3．报表

报表是视觉对象的集合。这些视觉对象可以显示在一个页面中，也可以按照相关性归类显示在多个页面中。报表可在 Power BI Desktop 或 Power BI 服务中创建。在 Power BI 移动版中无法创建报表，但可以查看、共享报表并对其添加批注。图 1-3 所示为在 Power BI Desktop 中制作的一个报表，它一共有 3 个页面，当前位于第 1 个页面，此页面上有多个视觉对象。

4．仪表板

仪表板用于共享报表的单个页面或视觉对象的集合。仪表板必须位于单个页面中，该页面称为画布。画布是一块空白的背景，在其中可以放置视觉对象。仪表板主要在 Power BI 服务中创建，其效果如图 1-4 所示。在 Power BI Desktop 或 Power BI 移动版中无法创建仪表板，但在 Power BI 移动版中可以查看和共享仪表板。

5．磁贴

磁贴是在报表或仪表板中显示的包含单个视觉对象的矩形框。用户在制作报表或仪表板时可以按照需求自由地设置磁贴的位置和大小。图 1-4 中的每个白色矩形框都是一个磁贴。

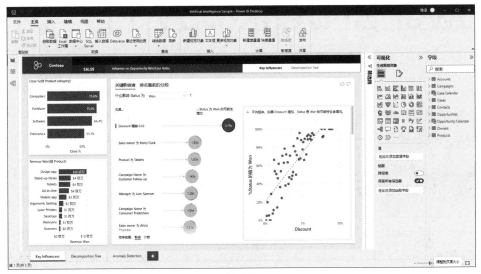

图 1-3

图 1-4

第2章
Power BI Desktop 入门

本章先讲解 Power BI Desktop 的安装注意事项，然后介绍应用程序的工作界面和一些基本操作，带领读者快速熟悉该软件，为学习后续章节的知识打好基础。

2.1 Power BI Desktop 的安装

Power BI Desktop 对操作系统的最低要求是 Windows 8.1 或 Windows Server 2012 R2，不再支持 Windows 7 等过时的操作系统。本书建议在 Windows 10 或 Windows 11 中安装和学习 Power BI Desktop。

Power BI Desktop 的安装方式主要有两种：第 1 种方式是在操作系统内置的应用商店 Microsoft Store 中搜索和安装；第 2 种方式是到微软官网下载安装包后进行安装。因为 Power BI Desktop 更新较为频繁，不同版本的界面可能会有较大变动，令初学者产生困惑，所以不建议读者安装最新版本，而是安装编者写作本书时所使用的 Power BI Desktop 2.124. 2028.0。此外，读者在学习过程中也不要随意升级或更换软件版本，以免影响学习效果。

为方便读者，本书的配套学习资源提供了 Power BI Desktop 2.124.2028.0 的安装包。将学习资源下载到本地硬盘后，打开其中的文件夹"Power BI Desktop 2.124.2028.0"，根据操作系统的架构类型选择安装包，32 位系统双击"PBIDesktopSetup.exe"，64 位系统双击"PBIDesktopSetup_x64.exe"，然后按照安装界面中的提示信息一步一步操作，即可顺利完成安装。

2.2 Power BI Desktop 工作界面简介

学习任何一款软件通常都是从系统地了解其工作界面开始，这有助于我们得心应手地定位和调用所需功能。启动 Power BI Desktop 后会先显示欢迎界面，可直接将其关闭，进入如图 2-1 所示的主界面。主界面各组成部分的名称和功能见表 2-1。

图 2-1

表 2-1

序号	名称	功能
❶	快速访问工具栏	用于放置常用的按钮，包括"保存""撤销""重做"
❷	标题栏	用于显示当前报表文件的名称
❸	窗口控制按钮	用于对当前窗口进行最大化、最小化和关闭操作
❹	功能区	以选项卡和组的形式分类组织功能按钮，便于用户快速找到所需功能
❺	视图按钮	用于在报表视图、表格视图、模型视图之间进行切换
❻	画布	用于创建和排列视觉对象
❼	功能窗格	默认显示"筛选器""可视化""数据"3 个窗格，其中集成了大部分的数据处理和数据可视化功能
❽	页面选项卡	用于选择或添加报表页
❾	状态栏	用于显示当前文件的页面信息
❿	缩放控制按钮	用于调整画布区域的显示大小

主界面左侧自上而下排列的 3 个视图按钮所对应视图的功能说明见表 2-2。

表 2-2

图标	视图名称	视图功能
	报表视图	用于制作报表，如在报表页中添加和排列视觉对象等
	表格视图 （又称数据视图）	用于以表格形式查看和管理报表中的数据
	模型视图	用于以可视化的方式查看和管理数据模型中的表、列和关系

⚡ **提示**

启动 Power BI Desktop 时可能会遇到要求登录账号的提示，实际上不登录也可以使用绝大部分功能。

2.3 获取帮助信息

在使用 Power BI Desktop 的过程中难免会遇到一些不了解的功能和操作，此时可以利用功能区的"帮助"选项卡获取帮助信息。

步骤 01 打开帮助文档。❶在 Power BI Desktop 主界面的功能区中切换至"帮助"选项卡，可在"帮助"组中看到多个按钮，通过它们可以参加指导式学习、观看培训视频、浏览帮助文档、获得技术支持等，❷这里单击"文档"按钮，如图 2-2 所示。

图 2-2

步骤 02 搜索帮助文档。随后会在默认浏览器中打开 Power BI 的帮助文档页面，这里利用左侧的搜索框在文档中搜索想了解的功能，如"删除重复行"，如图 2-3 所示。

图 2-3

步骤 03　查看文档内容。在搜索结果中单击某个链接，如图 2-4 所示，在打开的新网页中即可看到相应的文档内容，如图 2-5 所示。

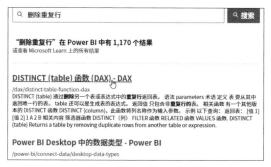

图 2-4　　　　　　　　　　　　　　　　　图 2-5

2.4　更改报表的主题颜色

配色是影响数据可视化效果的重要因素，使用 Power BI Desktop 的主题功能可以为整个报表中的视觉对象快速应用美观、专业的配色方案。

◎ 原始文件：实例文件 \ 第2章 \ 2.4 \ 更改报表的主题颜色1.pbix、Power View Themes（文件夹）
◎ 最终文件：实例文件 \ 第2章 \ 2.4 \ 更改报表的主题颜色2.pbix

步骤 01　启用导入主题功能。打开原始文件中的报表，❶切换至"视图"选项卡，❷单击"主题"组中的下拉按钮，❸在展开的列表中列出了内置的主题，单击即可应用，❹这里准备导入下载的主题，因此单击"浏览主题"选项，如图 2-6 所示。

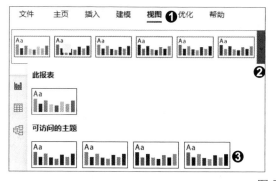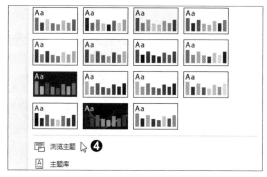

图 2-6

步骤 02　选择要导入的主题。弹出"打开"对话框，❶找到主题文件的存储位置，❷选中要导入的主题文件，❸单击"打开"按钮，如图 2-7 所示。弹出"导入主题"对话框，表明已经成功导入主题，直接单击"关闭"按钮，即可看到导入并应用所选主题后的报表效果，如图 2-8 所示。需要注意的是，主题会被应用至报表中的所有报表页。

图 2-7

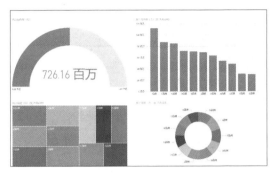

图 2-8

 提示

本书的配套学习资源提供了数十个主题文件，读者也可从微软官网下载主题文件。单击"主题"组中的下拉按钮，在展开的列表中单击"主题库"选项，随后会在默认浏览器中打开 Power BI 主题库页面，进入要下载的主题页面，单击"下载"按钮，即可下载主题文件。

2.5 报表页的基本操作

报表页就像 PowerPoint 演示文稿中的幻灯片，用于放置要展示的视觉对象。本节将讲解报表页的基本操作，包括报表页的插入、删除、隐藏、显示、重命名、复制、移动等。

◎ 原始文件：实例文件 \ 第2章 \ 2.5 \ 报表页的基本操作1.pbix
◎ 最终文件：实例文件 \ 第2章 \ 2.5 \ 报表页的基本操作2.pbix

2.5.1 插入、删除报表页

当需要更多的报表页来展示视觉对象时，可插入新的报表页；如果不再使用某张报表页，可将其删除。

步骤 01 插入空白报表页。打开原始文件，在窗口底部的页面选项卡右侧单击"新建页"按钮，如图 2-9 所示。

图 2-9

步骤 02 删除报表页。此时可看到插入的空白报表页。如果需要删除某一报表页，❶可单击相应页标签右上角的"删除页"按钮，如图 2-10 所示，❷然后在弹出的"删除此页"对话框中单击"删除"按钮，如图 2-11 所示。

图 2-10　　　　　　　　　　　　　　　　　　　图 2-11

2.5.2　隐藏、显示报表页

如果在发布报表时不希望将某些页展示出来，可在 Power BI Desktop 中隐藏这些页，在 Power BI 服务中查看报表时就看不到这些隐藏页。但这些隐藏页并未被删除，在需要时还可将其重新显示出来。

继续上一节的操作，❶用鼠标右键单击要隐藏的报表页标签，❷在弹出的快捷菜单中单击"隐藏"命令，如图 2-12 所示。被隐藏的报表页标签名称前会显示 🖾 图标。如果要将隐藏的报表页重新显示出来，❸用鼠标右键单击该标签，❹在弹出的快捷菜单中单击"隐藏"命令，如图 2-13 所示。

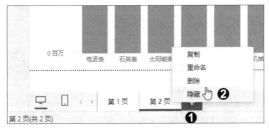

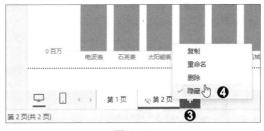

图 2-12　　　　　　　　　　　　　　　　　　　图 2-13

> ⚡ 提示
>
> 　　在 Power BI Desktop 中可以正常访问隐藏的报表页，在 Power BI 服务中可以在编辑视图下查看隐藏的报表页，因此，不能将隐藏报表页用作保护数据的安全措施。

2.5.3　重命名报表页

报表页的默认名称为"第 × 页"的格式。为便于查找和记忆，用户可根据报表页的内容重命名报表页。

继续上一节的操作，❶用鼠标右键单击要重命名的报表页标签，❷在弹出的快捷菜单中单击"重命名"命令，如图 2-14 所示，也可以直接双击报表页标签。随后页标签名称会进入可编辑状态，输入新的名称后按〈Enter〉键，即可完成报表页的重命名操作。使用相同的方法重命名其他报表页，结果如图 2-15 所示。

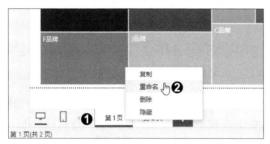

图 2-14　　　　　　　　　　　　　　　　　　　图 2-15

2.5.4　复制报表页

在制作多张内容或格式相似的报表页时，可通过复制报表页来提高效率。

继续上一节的操作，❶用鼠标右键单击要复制的报表页标签，❷在弹出的快捷菜单中单击"复制"命令，如图 2-16 所示。随后在页面选项卡的末尾会插入一个名为"×××的副本"的报表页，其内容与被复制页相同。为便于区分，可对副本报表页进行重命名，结果如图 2-17 所示。

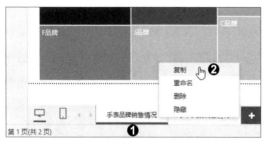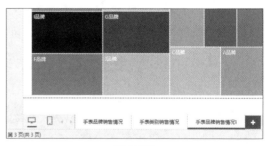

图 2-16　　　　　　　　　　　　　　　　　　　图 2-17

2.5.5　移动报表页

如果要调整报表页的排列顺序，可直接使用鼠标将报表页拖动到合适的位置。

继续上一节的操作，❶将鼠标指针放在要移动的报表页标签上，按住鼠标左键不放，拖动至目标位置，如图 2-18 所示，❷释放鼠标，完成移动，效果如图 2-19 所示。

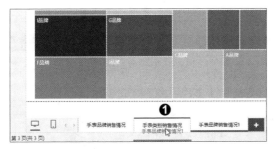

图 2-18

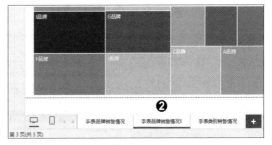

图 2-19

2.6　对齐和锁定视觉对象

为了帮助用户更好地设计报表页的版面效果，Power BI Desktop 提供了用于对齐和锁定视觉对象的功能。

2.6.1　对齐视觉对象

设计报表页时，可以使用网格线功能和对齐功能对齐视觉对象，确保视觉对象整齐地排列在画布上。

◎ 原始文件：实例文件＼第2章＼2.6＼2.6.1＼对齐视觉对象1.pbix
◎ 最终文件：实例文件＼第2章＼2.6＼2.6.1＼对齐视觉对象2.pbix

步骤 01 显示网格线。打开原始文件，❶切换至"视图"选项卡，❷在"页面选项"组中勾选"网格线"和"对齐网格"复选框，如图 2-20 所示。

步骤 02 让视觉对象与网格线对齐。此时可看到画布上出现网格线，拖动一个视觉对象，可将其自动与网格线对齐，如图 2-21 所示。

图 2-20

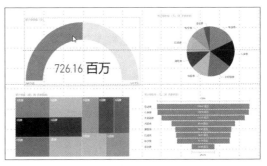

图 2-21

步骤 03 左对齐视觉对象。❶按住〈Ctrl〉键不放，选中两个视觉对象，❷切换至"格式"选项卡，❸单击"排列"组中的"对齐"按钮，❹在展开的列表中单击"左对齐"选项，如图 2-22 所示。选中的视觉对象会自动以最左边视觉对象的左边界为准对齐。使用相同的方法选中其他两个视觉对象并对其进行居中对齐操作，效果如图 2-23 所示。

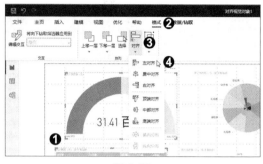

图 2-22

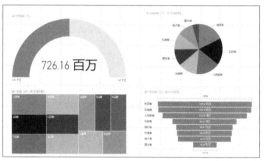

图 2-23

2.6.2 锁定视觉对象

默认情况下，可使用鼠标随意调整视觉对象的位置和大小。如果要避免因误操作改变视觉对象的位置或大小，可将对象锁定。

打开含有视觉对象的报表，在"视图"选项卡下的"页面选项"组中勾选"锁定对象"复选框，如图 2-24 所示。此时无法拖动画布中的视觉对象，也无法调整视觉对象的大小。

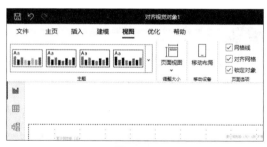

图 2-24

第3章
初识 AI 工具

以 ChatGPT 为代表的大语言模型在人工智能（AI）领域引发了一场巨大的变革，各行各业都在研究如何利用 AI 工具提高生产力。本章将介绍 AI 工具的基本使用方法，以及如何在学习和应用 Power BI 的过程中借助 AI 工具解决遇到的问题。

3.1 常见 AI 工具

ChatGPT 的诞生在全球范围内掀起了一场人工智能竞赛，大量优秀的 AI 工具如雨后春笋般地涌现。下面简单介绍几款比较常用的 AI 工具。

1．ChatGPT

ChatGPT 是由 OpenAI 基于 GPT 模型开发的聊天机器人。它能理解人类的语言并与人类用户自然而流畅地对话和互动，它还能帮用户完成各种文本相关的任务，如撰写邮件、翻译文章、编写代码等。

2．文心一言

文心一言是由百度推出的大语言模型。它除了能像 ChatGPT 一样与人对话互动、回答问题、协助创作，还具备跨模态能力，能处理文本和图像等多种形态的数据。例如，用户可以输入文本指令，让文心一言生成图像，也可以上传图像，让文心一言用文本描述图像的内容。得益于百度在中文搜索领域深厚的技术积累，文心一言更熟悉中文，更了解中国的文化和社会环境，从而能够更好地理解和满足中文用户的需求。

3．通义千问

通义千问是由阿里云推出的大语言模型，功能包括多轮对话、文案创作、逻辑推理、多模态理解、多语言支持等。通义千问的"百宝袋"还提供效率类、生活类、娱乐类的预定义工具，让用户不需要编写复杂的指令就能快速撰写出歌词、菜谱、社交媒体文案、演示文稿大纲、直播带货脚本、行业分析报告等文本内容。

3.2 与 AI 工具对话的基本操作

目前市面上的主流 AI 工具的使用方式基本都是对话式的。这里以文心一言为例，讲解与 AI 工具对话的基本操作。

步骤 01 登录账号。用网页浏览器打开网址 https://yiyan.baidu.com/welcome，进入文心一言的欢迎页面，单击"开始体验"按钮，如图 3-1 所示。在弹出的登录对话框中按照提示登录百度账号。

图 3-1

步骤 02 输入指令。登录成功后会进入文心一言的界面，在底部的文本框中输入指令，然后单击右侧的 ◢ 按钮或按〈Enter〉键进行提交，如图 3-2 所示。在输入过程中如果需要换行，可以按〈Shift+Enter〉键。

图 3-2

步骤 03 查看回答。稍等片刻，页面中将以"一问一答"的形式依次显示用户输入的指令和文心一言的回答，如图 3-3 所示。

图 3-3

步骤 04 修改指令并重新生成回答。如果发现指令的表述不够准确，可修改指令，让文心一言重新回答。将鼠标指针放在指令上，❶单击右侧浮现的 🖉 按钮，进入编辑状态，❷修改指令，❸单击 ✓ 按钮保存并提交更改，如图 3-4 所示。稍等片刻，文心一言会根据修改后的指令生成回答。

图 3-4

步骤 05 不修改指令并重新生成回答。如果指令是准确的，但对生成的回答不满意，可单击输出区域下方的"重新生成"按钮，强制要求文心一言重新生成回答，如图 3-5 所示。

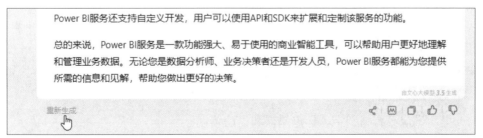

图 3-5

步骤 06 切换浏览不同版本的回答。重新生成回答后，在输出区域右侧会显示一组按钮，单击左右两侧的箭头按钮，如图 3-6 所示，可切换浏览不同版本的回答。

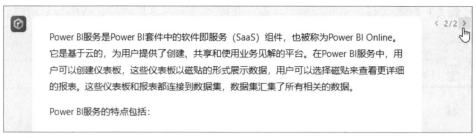

图 3-6

步骤 07 查看所有回答。❶单击输出区域右侧的数字按钮，❷页面右侧会显示所有回答，如图 3-7 所示。单击该区域左上角的⊠按钮可关闭显示所有回答。

图 3-7

3.3 编写提示词的原则和技巧

与 AI 工具对话时，用户输入的指令实际上有一个专门的名称——提示词（prompt）。提示词是人工智能和自然语言处理领域中的一个重要概念，它能影响机器学习模型处理和组织信息的方式，从而影响模型的输出。清晰和准确的提示词可以帮助模型生成更准确、更可靠的输出。本节将讲解如何编写能获得高质量回答的提示词。

1. 编写提示词的基本原则

编写提示词的基本原则没有高深的要求，其与人类之间交流时要遵循的基本原则是一致的，主要有以下 3 个方面。

（1）提示词应没有错别字、标点错误和语法错误。

（2）提示词要简洁、易懂、明确，尽量不使用模棱两可或容易产生歧义的表述。例如，"请写一篇介绍 Power BI 的文章，不要太长"是不好的提示词，因为其对文章长度的要求过于模糊，"请写一篇介绍 Power BI 的文章，不超过 800 字"则是较好的提示词，因为其明确地指定了文章的长度。

（3）提示词最好包含完整的信息。如果提示词包含的信息不完整，就会导致需要用多轮对话去补充信息或纠正 AI 工具的回答方向。提示词要包含的内容没有一定之规，一般而言可由 4 个要素组成，具体见表 3-1。

表 3-1

名称	是否必选	含义	示例
指令	是	希望 AI 工具执行的具体任务	请对以下这篇英文调研报告进行缩写，提炼出重要的结论
背景信息	否	任务的背景信息	读者对象是某公司技术委员会的成员
输入数据	否	需要 AI 工具处理的数据	（原调研报告的具体内容，从略）
输出要求	否	对 AI 工具输出内容的要求，如字数、格式、写作风格等	用专业、流畅的中文输出缩写后的报告，不超过 1000 字

2．编写提示词的技巧

在编写提示词时，除了要遵循上述基本原则，还可以使用以下技巧来优化提示词。

（1）用特殊符号分隔指令和输入数据。在翻译、总结要点、提取信息等应用场景中，提示词必然会包含指令和待处理的文本（即输入数据）。为便于 AI 工具进行区分，可用 "###" 或 """""" 将待处理的文本括起来。演示对话如下：

请从以下文本中提取 3 个关键词：

文本："""

Power BI Desktop 在导入数据时不仅会获取数据本身，还会收集其他相关信息，如表名、列名、主键等。基于这些信息，Power BI Desktop 会进行一些智能假设，以便在创建可视化效果时提供更为优良的用户体验。例如，当某列包含数值时，Power BI Desktop 会假设用户希望以某种方式对其进行聚合，自动将其放置于"可视化"窗格的"值"区域。又如，创建折线图时，如果数据包含日期／时间列，Power BI Desktop 会自动将该列创建成时间层次结构轴。

"""

AI 关键词：Power BI Desktop、智能假设、可视化效果

（2）提供示例。如果难以用简洁的文字准确地描述需求，可通过提供示例来帮助 AI 工具更好地理解需求。演示对话如下：

👤 请帮我编写 Excel 单元格的自定义数字格式代码，用于转换日期时间数据的格式。以下是转换前和转换后的数据示例：

2023/02/08 09:27:41 →上午 09:27

2023/04/17 15:12:39 →下午 03:12

🅰️ 您可以使用以下自定义数字格式代码将日期时间数据转换为指定格式：

上午 / 下午 hh:mm

（3）设定角色身份。为了让 AI 工具以我们期望的方式工作，可以在提示词中（通常是开头部分）为 AI 工具设定一个角色身份。演示对话如下：

👤 我需要你扮演一个翻译机器人。我将输入英文的原文，请你给出地道、流畅的中文译文，不需要做任何额外的解释。

🅰️ 好的，请输入您需要翻译的英文原文。

👤 In Power BI, DAX formulas are used to define different types of calculations for your data, but can also be used to define role security. DAX queries, on the other hand, can be used to return data from the model.

🅰️ 在 Power BI 中，DAX 公式用于为数据定义不同类型的计算，但也可用于定义角色的安全性。另外，DAX 查询可用于从模型返回数据。

3.4 AI 工具在数据处理和分析中的应用

本节将通过几个简单的案例介绍 AI 工具在数据处理和分析中的初级应用，直观地展示 AI 工具在实际工作场景中所发挥的作用。此外，在后续章节还将介绍 AI 工具的进阶应用，如编写公式、解读和修改代码等。读者可以基于这些案例进行举一反三，深入挖掘 AI 工具的应用潜能。

3.4.1 利用 AI 工具获取工作思路

初学者在面对一份需要进行处理与分析的原始数据时，往往毫无头绪，不知道该从何处入手，此时可以借助 AI 工具获得一些启发。

步骤 01 询问关于数据预处理操作的建议。首先向 AI 工具询问关于数据预处理操作的建议，演示对话如下。

我需要你扮演一名资深的数据分析师。现有某连锁超市的销售数据集,包含商品编号、商品名称、商品类别、销售数量、销售额、门店位置、销售日期等字段。为便于进行深入的数据分析和可视化,可以对这些数据进行哪些预处理操作呢?

作为一名资深的数据分析师,我会建议您对数据进行以下几个步骤的预处理,以确保数据的质量和可用性。

1. 重命名字段

为了简化分析工作和提高可读性,可以重命名字段,确保字段名具有清晰的描述性。

2. 数据清洗

(1)处理缺失值:检查数据集中是否存在缺失值,并根据业务需求决定是填充缺失值还是删除含有缺失值的记录。

(2)处理重复值:查找并删除数据集中可能存在的重复记录,确保每条记录的唯一性。

(3)处理异常值:检测并处理数据集中可能存在的异常值,如疑似录入错误的销售数量,确保数据的准确性。

3. 数据类型和格式转换

确保每个字段都具有正确的数据类型和格式。例如,商品编号字段应转换为文本类型,销售数量和销售额字段应转换为数值类型,销售日期字段应转换为标准的日期格式,等等。

4. 数据整合

如果存在多个数据表,可以考虑将它们整合成一个数据集,以便更全面地进行分析。例如,可以在门店位置信息与地理坐标数据之间建立关联映射,以便在地图上进行数据可视化。

5. 数据聚合

(1)按类别聚合:按商品编号、商品类别等进行聚合,以分析各个单品或各类商品的销售表现。

(2)按门店聚合:按门店位置进行聚合,以分析不同区域门店的销售表现。

(3)时间序列分析:按销售日期进行分层聚合,以分析月度、季度、年度等不同维度下的销售表现和销售趋势。

6. 特征工程

(1)创建新的特征字段:基于现有数据根据业务需求创建新的特征字段。例如,为了分析销售的周期性变化,可基于销售日期创建是否节假日、淡旺季等特征字段。

(2)数据规范化:对数值型数据(如销售额)进行归一化或标准化处理,以消除不同量纲带来的影响。

完成上述预处理步骤后,您可以根据业务需求和分析目标,利用数据分析工具和模型对数据进行深入分析，并制作可视化报告，帮助决策者理解销售趋势、消费者行为和市场变化，从而制定更加有效的商业策略。

步骤 02 询问关于数据分析角度的建议。 继续向 AI 工具询问关于数据分析角度的建议，演示对话如下。

对于前面所述的销售数据，可以从哪些角度进行分析呢？

对于一家连锁超市的销售数据，可以从多个角度进行深度分析，以下是几个核心分析方向：

1. 销售趋势分析

（1）按月度、季度、年度等不同的时间维度分析销售情况的变化趋势，获取季节性和周期性规律。

（2）考察节假日或促销活动等特殊时间段前后及期间的销售波动，评估特殊时间段对销售的影响。

2. 门店绩效分析

（1）分析各门店的销售额、销售数量及其同比增长率，找出表现优秀或不佳的门店。

（2）结合门店位置信息，分析商圈、社区等因素对销售的影响，为新店选址提供参考。

3. 商品分析

（1）计算各类商品的销售贡献，识别畅销类别和滞销类别，探究高销量商品的特点及商品滞销的原因，以优化选品策略。

（2）分析商品类别之间的关联性，探讨捆绑销售的可能性。

（3）分析商品生命周期，预测商品的引入、成长、成熟和衰退阶段。

（4）使用"二八定律"和 ABC 分析法确定商品的重要程度，即贡献大部分利润的少部分商品，以优化营销策略。

通过上述多维度的综合分析，能够全面了解连锁超市的销售状况，从而提出针对性的改进措施，优化管理制度和运营策略。

步骤 03 询问关于数据可视化的建议。 继续向 AI 工具询问关于数据可视化的建议，演示对话如下。

我想从上述数据中挖掘隐藏的销售模式或趋势，请推荐 3 种能达到此目的的图表。请尽量推荐形式新颖的高级图表，不要推荐折线图、柱形图等过于寻常的图表。

以下是按照您的要求建议采用的 3 种图表类型：

1. 日历热力图

日历热力图可以清晰地展示一段时间内每天的销售热度，有助于快速识别出周期性的销售模式和峰值时段。

2. 瀑布图

瀑布图可以直观地展示数据从起始点到终止点的增减演变的过程，适合用来展现销售周期内各个阶段（如新品上架、促销活动、季末清仓）对总销售额的影响程度。

3. 甘特图

尽管通常用于项目管理，但经过定制后，甘特图也可用于跟踪商品的销售进度，特别是有明显生命周期的商品，如季节性较强的服装。

选择哪种图表取决于具体的数据结构和分析目标，以上图表旨在提供创新且富有洞察力的可视化方式，以期从常规图表之外的角度揭示新的销售模式和趋势。

3.4.2　利用 AI 工具阅读技术文档

软件的技术文档包括开发商提供的官方文档、资深技术人员撰写的教程文章等，它们通常内容丰富、权威性强，是初学者不可或缺的参考资料。然而，许多技术文档是用外文编写的，或者虽然提供中文版，但是翻译水平不尽如人意。本节将介绍如何利用 AI 工具翻译技术文档，或者将艰深的专业术语和概念转换成易于理解的文字，帮助我们更加轻松地阅读和理解技术文档。

步骤 01　讲解文档大意。打开 AI 工具，进行如下所示的对话。

下面是从 Power BI 的官方文档中摘录的一个片段：
"""

Power BI Desktop supports five Date/Time data types in Power Query Editor. Both Date/Time/Timezone and Duration convert during load into the Power BI Desktop data model. The model supports Date/Time, or you can format the values as Date or Time independently.

• Date/Time represents both a date and time value. The underlying Date/Time value is stored as a Decimal number type, so you can convert between the two types. The time portion stores as a fraction to whole multiples of 1/300 seconds (3.33 ms). The data type supports dates between years 1900 and 9999.

• Date represents just a date with no time portion. A Date converts into the model as a Date/Time value with zero for the fractional value.

• Time represents just a time with no date portion. A Time converts into the model as a Date/Time value with no digits to the left of the decimal point.

• Date/Time/Timezone represents a UTC date/time with a timezone offset, and converts into Date/Time when loaded into the model. The Power BI model doesn't adjust the time-zone based on a user's location or locale. A value of 09:00 loaded into the model in the USA displays as 09:00 wherever the report is opened or viewed.

• Duration represents a length of time, and converts into a Decimal Number type when loaded into the model. As Decimal Number type, you can add or subtract the values from Date/Time values with correct results, and easily use the values in visualizations that show magnitude.
"""

请用通俗易懂的中文为我讲解一下上述片段的主要意思，不要直接翻译，谢谢。

AI 这段文字主要是关于 Power BI Desktop 中支持的 5 种日期 / 时间数据类型的介绍。它解释了这些类型如何在 Power Query Editor 中工作，并且在加载到 Power BI Desktop 的数据模型时是如何进行转换的。

• Date/Time（日期 / 时间）：表示同时包含日期和时间的数值。该数据类型在数据模型中以十进制数值的形式存储，时间部分以 1/300 秒（约 3.33 毫秒）的整倍数存储为分数。它支持的日期范围从 1900 年到 9999 年。

• Date（日期）：只表示日期，没有时间部分。在加载到数据模型时，该数据类型会被转换成 Date/Time 值，时间部分的小数值为 0。

• Time（时间）：只表示时间，没有日期部分。在加载到数据模型时，该数据类型会被转换成 Date/Time 值，小数点左边的部分为 0。

• Date/Time/Timezone（日期 / 时间 / 时区）：表示带有时区偏移的 UTC 日期 / 时间，在加载到数据模型时会被转换成 Date/Time 值。Power BI 模型不会根据用户的位置或区域设置调整时区。例如，在美国将值 09:00 加载到模型中时，无论在何处打开或查看报表，它都将显示为 09:00。

• Duration（持续时间）：表示一段时间的长度，在加载到模型时会被转换成十进制数值类型。作为十进制数值类型，你可以将其与 Date/Time 值相加或相减，并获得正确的结果，而且可以在展示数量级的可视化效果中轻松地使用这些值。

步骤 02 提取关键信息的摘要。 AI 工具的回答已经让我们能较轻松地理解这个片段的大意。为了进一步领会精髓，还可以请 AI 工具提取关键信息的摘要。继续与 AI 工具进行如下对话。

请帮我从以上回答中提取关键信息的摘要，谢谢。

AI 关键信息摘要：

• Power BI Desktop 支持 5 种日期 / 时间数据类型。

- 这些类型在加载到 Power BI Desktop 数据模型时会进行转换。
- Date/Time 表示同时包含日期和时间的数值,支持的日期范围为 1900 年到 9999 年。
- Date 只表示日期,没有时间部分。
- Time 只表示时间,没有日期部分。
- Date/Time/Timezone 表示带有时区偏移的 UTC 日期 / 时间,在加载时会被转换成 Date/Time。Power BI 模型不会根据用户的位置或区域设置调整时区。
- Duration 表示持续时间的长度,在加载时会被转换成十进制数值类型,可与 Date/Time 值相加或相减。

步骤 03 解释技术难点。我们还可以利用 AI 工具讲解技术文档中的难点。演示对话如下所示,从中可以看到,AI 工具在回答问题时从其知识库中调取了相关的背景知识,让我们可以更好地理解作者要表达的意思。

以下是从一篇英文技术博客中摘录的片段,我不太明白最后一句话的意思,你能为我解释一下吗?
"""

In the Power Query editor, head over to the View tab and check on "Column quality" under Data Preview. Here you will see a menu appear at the top of each column summarizing what percent of values are valid, contain formula errors, and are empty. And to Power Query, empty means "nul" and "nul" alone.
"""

这段英文描述的是 Power Query 编辑器中的一个操作步骤。最后一句话指的是在 Power Query 中,空值(empty)仅指 null,而不包括其他可能的表示方式。

在很多编程环境和数据处理环境中,空值有不同的表示方式,可能是空字符串、NaN(Not a Number)、0 等。但在 Power Query 中,作者强调只有 null 才被视为空值,其他的表示方式不会被纳入空值的定义范围。

第4章
获取数据

数据是创建视觉对象和报表的基础。本章将讲解在 Power BI Desktop 中获取数据的多种方式，包括手动输入数据、导入数据文件、导入网页数据等。

4.1 手动输入数据

获取数据最直接的方法是在 Power BI Desktop 中手动输入数据。需要注意的是，这种方法仅适用于数据量较少的情况，在实践中很少使用。

◎ 原始文件：无

◎ 最终文件：实例文件＼第4章＼4.1＼手动输入数据.pbix

步骤 01 创建表。启动 Power BI Desktop，在"主页"选项卡下的"数据"组中单击"输入数据"按钮，如图 4-1 所示。打开"创建表"对话框，可看到用于输入数据的空白表格，如图 4-2 所示。

图 4-1

图 4-2

步骤 02 输入数据。❶选中单元格后可直接输入列名和数据，❷按〈Enter〉键或单击行号下方的"插入行"按钮可添加新的空白行，如图 4-3 所示。❸使用相同的方法继续添加行并输入数据，如图 4-4 所示。

图 4-3

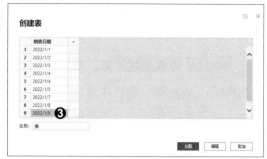

图 4-4

步骤 03　删除和插入行。如果要删除多余的行，❶用鼠标右键单击行号，❷在弹出的快捷菜单中单击"删除"命令，如图 4-5 所示。如果要在非空白行上方插入空白行，❸用鼠标右键单击行号，❹在弹出的快捷菜单中单击"插入"命令，如图 4-6 所示，然后在插入的空白行中输入数据。

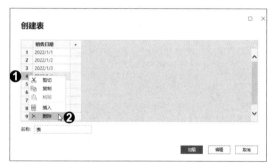

图 4-5

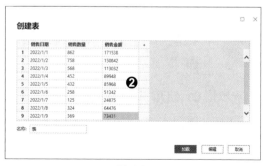

图 4-6

步骤 04　插入列。❶单击列名右侧的"插入列"按钮，如图 4-7 所示，即可插入空白列。❷使用相同的方法继续插入列并输入数据，如图 4-8 所示。

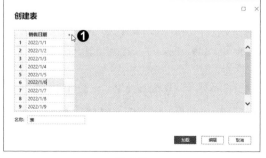

图 4-7

图 4-8

步骤 05　完成数据的输入。❶在"名称"文本框中输入数据表的名称，❷单击"加载"按钮，如图 4-9 所示。

步骤 06　查看加载效果。弹出的"加载"对话框会显示正在模型中创建连接。等待一段时间后完成加载，❶切换至表格视图，❷即可看到输入的数据，❸窗口右侧的"数据"窗格中也会显示数据表的名称和表中的字段，如图 4-10 所示。需要注意的是，"数据"窗格中的字段列表是按字母顺序显示的，而不是按数据表中的顺序显示的。

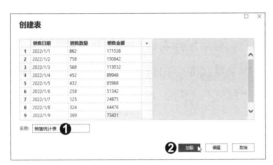

图 4-9　　　　　　　　　　　　　　　图 4-10

4.2　导入数据文件

在日常办公中，大多数情况下要处理的原始数据都是存放在数据文件中的。因此，Power BI Desktop 提供了较为全面的数据导入功能，能从多种格式的文件中导入数据。

4.2.1　导入 Excel 工作簿中的 Power Pivot 数据模型

如果已经在 Excel 工作簿中创建了 Power Pivot 数据模型，可以将其导入 Power BI Desktop，继续进行处理。导入后的数据与原始工作簿中的数据之间不存在链接关系。

◎ 原始文件：实例文件＼第4章＼4.2＼4.2.1＼原始数据.xlsx

◎ 最终文件：实例文件＼第4章＼4.2＼4.2.1＼数据模型.xlsx、导入Power Pivot数据模型.pbix

步骤 01　启用加载项。首先需要在 Excel 工作簿中创建 Power Pivot 数据模型。用 Excel 打开原始文件，执行"文件→选项"命令，打开"Excel 选项"对话框，❶单击左侧的"加载项"标签，❷在右侧的"管理"下拉列表框中选择"COM 加载项"选项，❸单击"转到"按钮，如图 4-11 所示。❹在打开的"COM 加载项"对话框中勾选"Microsoft Power Pivot for Excel"复选框，❺单击"确定"按钮，如图 4-12 所示。

图 4-11

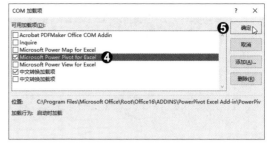

图 4-12

步骤 02　将表添加到数据模型。❶此时在 Excel 的功能区中会显示"Power Pivot"选项卡，❷在该选项卡下的"表格"组中单击"添加到数据模型"按钮，如图 4-13 所示。❸在打开的"创建表"对话框中设置数据源区域，❹勾选"我的表具有标题"复选框，❺单击"确定"按钮，如图 4-14 所示。

图 4-13

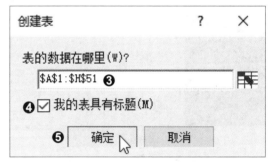

图 4-14

步骤 03　查看添加效果。随后会打开 Power Pivot for Excel 窗口，显示添加到数据模型中的数据，如图 4-15 所示。在 Excel 窗口中也可以看到原始数据表被自动转换成格式化表格，如图 4-16 所示。将 Excel 工作簿另存为"数据模型 .xlsx"，并关闭程序窗口。

图 4-15

	A	B	C	D	E	F	G	H
1	单号	销售日期	产品名称	成本价（元/个）	销售价（元/个）	销售数量（个）	产品成本（元）	销售收入（元）
2	202206123001	2022/6/1	双肩包	¥16	¥68	60	¥960	¥4,080
3	202206123002	2022/6/2	行李包	¥22	¥88	45	¥990	¥3,960
4	202206123003	2022/6/2	钱包	¥90	¥189	50	¥4,500	¥9,450
5	202206123004	2022/6/3	双肩包	¥16	¥68	23	¥368	¥1,564
6	202206123005	2022/6/4	斜挎包	¥36	¥149	26	¥936	¥3,874
7	202206123006	2022/6/4	行李包	¥22	¥88	85	¥1,870	¥7,480
8	202206123007	2022/6/5	钱包	¥90	¥189	78	¥7,020	¥14,742
9	202206123008	2022/6/6	钱包	¥90	¥189	100	¥9,000	¥18,900
10	202206123009	2022/6/6	双肩包	¥16	¥68	25	¥400	¥1,700

图 4-16

步骤 04 启动导入功能。启动 Power BI Desktop，❶执行"文件→导入→ Power Query、Power Pivot、Power View"命令，如图 4-17 所示。❷在弹出的"打开"对话框中找到文件的存储位置，❸选中之前另存的"数据模型 .xlsx"，❹单击"打开"按钮，如图 4-18 所示。

图 4-17

图 4-18

步骤 05 导入数据。打开"导入 Excel 工作簿内容"对话框，❶单击"启动"按钮，如图 4-19 所示。等待一段时间后导入完毕，在对话框中会显示所导入项目的名称和数量，❷单击"关闭"按钮，如图 4-20 所示。

图 4-19

图 4-20

步骤 06　查看导入效果。❶切换至表格视图，❷即可看到导入的数据，❸窗口右侧的"数据"窗格中也会显示数据表的名称和表中的字段，如图 4-21 所示。

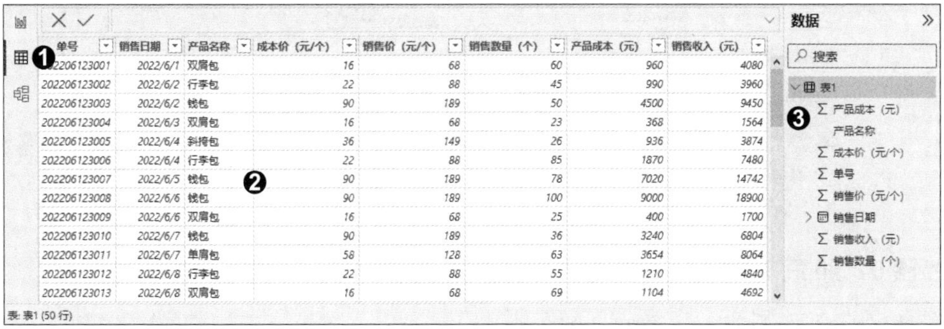

图 4-21

　提示

本节介绍的功能只会导入 Excel 工作簿中的 Power Pivot 模型和 Power Query 查询，不会导入普通的工作表数据。如果工作簿中没有 Power Pivot 模型或 Power Query 查询，只有普通的工作表数据，则在导入时会出现迁移失败的错误。

4.2.2　直接导入 Excel 工作簿

如果要导入 Excel 工作簿中的普通工作表数据，可以使用 Power BI Desktop 的"获取数据"功能。通过该功能导入的数据与原始数据之间存在链接关系，如果原始数据发生了变动，可以在 Power BI Desktop 中进行数据刷新来同步这些变动。

◎ 原始文件：实例文件 \ 第4章 \ 4.2 \ 4.2.2 \ 原始数据.xlsx
◎ 最终文件：实例文件 \ 第4章 \ 4.2 \ 4.2.2 \ 直接导入Excel工作簿.pbix

步骤 01　导入 Excel 工作簿。启动 Power BI Desktop，❶在"主页"选项卡下的"数据"组中单击"获取数据"按钮下方的下拉箭头，❷在展开的"常用数据源"列表中选择"Excel 工作簿"选项，如图 4-22 所示。也可直接单击"数据"组中的"Excel 工作簿"按钮。❸在弹出的"打开"对话框中找到文件的存储位置，❹选中要导入的 Excel 工作簿，❺单击"打开"按钮，如图 4-23 所示。

图 4-22

图 4-23

步骤 02 加载工作表。 弹出"导航器"对话框，在左侧会列出所选工作簿中的所有工作表（包括空白工作表）。❶勾选"Sheet1"工作表前的复选框，❷在右侧可预览该工作表中的数据，❸单击"加载"按钮，如图 4-24 所示。随后会弹出"加载"对话框，显示加载进度。

图 4-24

步骤 03 查看导入效果。 加载完毕后，切换至表格视图，即可看到导入的数据，窗口右侧的"数据"窗格中也会显示数据表的名称和表中的字段，此处不再赘述。在"数据"窗格中用鼠标右键单击表名，在弹出的快捷菜单中执行"刷新数据"命令，即可刷新数据。

> **提示**
>
> 在 Power BI 服务中导入不包含数据模型表或格式化表格的 Excel 工作簿时，会提示"找不到格式化为表的任何数据"。此时需要在 Excel 中选中包含数据的任意单元格，按〈Ctrl+T〉键，在弹出的"创建表"对话框中设置数据区域，单击"确定"按钮，将数据转换成格式化表格，再进行导入。

4.2.3 导入其他格式的数据文件

Power BI Desktop 的"获取数据"功能除了能导入 Excel 工作簿，还能导入 TXT、CSV、XML 等多种格式的数据文件。本节以导入 CSV 文件为例介绍具体操作。

◎ 原始文件：实例文件 \ 第4章 \ 4.2 \ 4.2.3 \ 原始数据.csv

◎ 最终文件：实例文件 \ 第4章 \ 4.2 \ 4.2.3 \ 导入CSV文件.pbix

步骤 01 启动"获取数据"功能。启动 Power BI Desktop，在"主页"选项卡下的"数据"组中单击"获取数据"按钮的图标，如图 4-25 所示。

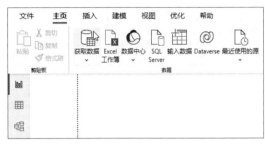

图 4-25

步骤 02 选择数据源的类型。弹出"获取数据"对话框，❶在左侧选择"文件"类别，❷在右侧选择要连接的文件类型，这里选择"文本 /CSV"，❸单击"连接"按钮，如图 4-26 所示。

步骤 03 选择文件。弹出"打开"对话框，❶找到文件的存储位置，❷选中要导入的 CSV 文件，❸单击"打开"按钮，如图 4-27 所示。

图 4-26

图 4-27

提示

除了数据文件，在"获取数据"对话框中还可选择多种数据库系统和联机数据服务等作为数据源，感兴趣的读者可以自行查看。

步骤 04 加载数据。弹出"原始数据 .csv"对话框，❶设置好"文件原始格式""分隔符""数据类型检测"等参数，❷单击"加载"按钮，如图 4-28 所示。

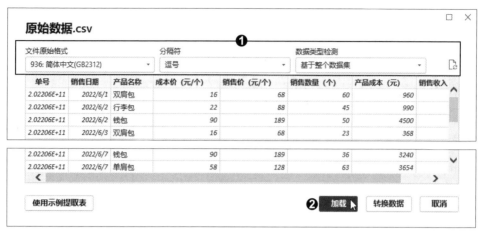

图 4-28

> **提示**
>
> "文件原始格式"指的是文件的编码格式;"分隔符"指的是用于分隔不同字段数据的符号,如逗号、空格、制表符等。这两个参数需要根据文件的实际情况设置,不过 Power BI Desktop 通常能自动进行检测和设置。"数据类型检测"指的是基于多少条记录来判断各字段的数据类型,可选项有"基于前 200 行""基于整个数据集""不检测数据类型",根据实际需求选择即可。

步骤 05 查看导入效果。加载完毕后,切换至表格视图,即可看到导入的数据,窗口右侧的"数据"窗格中也会显示数据表的名称和表中的字段,此处不再赘述。

4.3 导入网页数据

在互联网时代,大量有价值的数据存在于网页中,本节将讲解如何使用 Power BI Desktop 获取网页中的数据。

4.3.1 导入网页中的数据表

如果网页中有表格形式的数据,可使用 Power BI Desktop 将其导入到报表中。本节以获取第 24 届冬季奥林匹克运动会奖牌榜的数据为例讲解具体操作。

◎ 原始文件:无

◎ 最终文件:实例文件\第4章\4.3\4.3.1\导入网页中的数据表.pbix

步骤 01 选择数据源的类型。启动 Power BI Desktop，在"主页"选项卡下的"数据"组中单击"获取数据"按钮的图标，打开"获取数据"对话框。❶在左侧选择"其他"类别，❷在右侧选择"Web"数据源类型，❸单击"连接"按钮，如图 4-29 所示。

图 4-29

步骤 02 输入网址。弹出"从 Web"对话框，❶在"URL"文本框中输入包含数据的网页的网址，这里为"https://2022.cctv.com/medal_list/index.shtml"，❷单击"确定"按钮，如图 4-30 所示。因为是首次访问该网址，所以会进入"访问 Web 内容"界面，用于设置访问方式，这里保持默认设置，❸单击"连接"按钮，如图 4-31 所示。

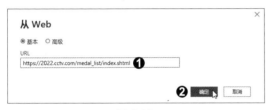

图 4-30

图 4-31

步骤 03 加载数据。弹出"导航器"对话框，在左侧会分类显示该网页中可导入项目的列表，单击某个项目可在右侧预览其内容。这里通过预览确定"HTML 表格"下的"表3"包含所需数据，❶勾选该表前方的复选框，❷单击"加载"按钮，如图 4-32 所示。

图 4-32

步骤 04 查看导入效果。等待一段时间后数据加载完毕，切换至表格视图，即可看到导入的数据，窗口右侧的"数据"窗格中也会显示数据表的名称和表中的字段，如图4-33 所示。

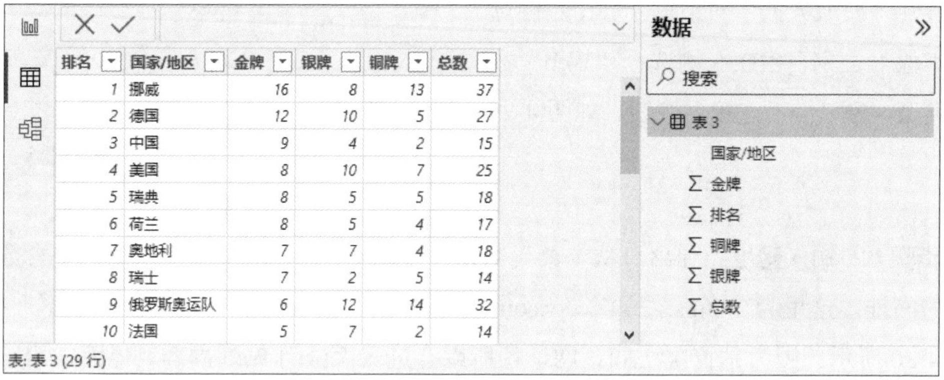

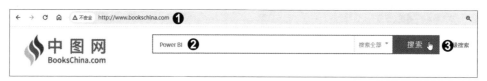

图 4-33

4.3.2 通过提供示例采集网页数据

如果网页中的数据有一定的组织形式但又不是标准的表格形式，可以先由用户提供采集数据的示例操作，然后让 Power BI Desktop 按照用户的操作模式自动在网页中采集数据。本节以采集"中图网"的图书搜索结果页面中的数据为例讲解具体操作。需要提前说明的是，这种方法并非对所有网页都适用，而且原先适用的网页如果进行了改版，也可能变为无法采集。

◎ 原始文件：无

◎ 最终文件：实例文件＼第4章＼4.3＼4.3.2＼通过提供示例采集网页数据.pbix

步骤 01 执行搜索。❶用网页浏览器打开"中图网"首页（http://www.bookschina.com/），❷在页面顶部的搜索框中输入关键词，如"Power BI"，❸单击"搜索"按钮，如图4-34 所示。

图 4-34

步骤 02 复制网址。浏览弹出的搜索结果页面，可看到与 Power BI 相关的图书的信息，但其组织形式不是二维表格，可能无法使用 4.3.1 节介绍的方法来导入。在浏览器的地址栏中选中搜索结果页面的网址，如图 4-35 所示。按〈Ctrl+C〉键，将网址复制到剪贴板。

图 4-35

步骤 03 启动导入网页数据功能。启动 Power BI Desktop，在"主页"选项卡下的"数据"组中单击"获取数据"按钮的图标，打开"获取数据"对话框。在对话框左侧选择"其他"类别，在右侧选择"Web"数据源类型，单击"连接"按钮。

步骤 04 粘贴网址。弹出"从 Web"对话框，❶将插入点置于"URL"文本框中，按〈Ctrl+V〉键，粘贴之前复制的网址，❷单击"确定"按钮，如图 4-36 所示。

步骤 05 启动使用示例添加表功能。弹出"导航器"对话框，单击左下角的"使用示例添加表"按钮，如图 4-37 所示。

图 4-36

图 4-37

步骤 06 增加空白列。弹出"使用示例添加表"对话框，❶在预览区滚动网页，显示出要采集的第 1 本书的信息，❷单击 2 次"插入列"按钮，增加 2 个空白列，❸单击第 1 行第 1 列的单元格，如图 4-38 所示。

图 4-38

步骤 07 输入并选择数据内容。❶输入第 1 本书的书名关键词"POWER BI 权威指南",在弹出的列表中可以看到相关的数据内容,❷双击第 1 条数据,将其作为采集对象,如图 4-39 所示。使用相同的方法在第 1 行的第 2 列和第 3 列中采集第 1 本书的定价和折扣价。

图 4-39

步骤 08 继续提供示例。采集完第 1 本书的数据后,如果软件没有自动采集剩余图书的相应数据,可以继续提供示例。使用相同的方法在第 2 行第 1 列的单元格中手动采集第 2 本书的书名,如图 4-40 所示。

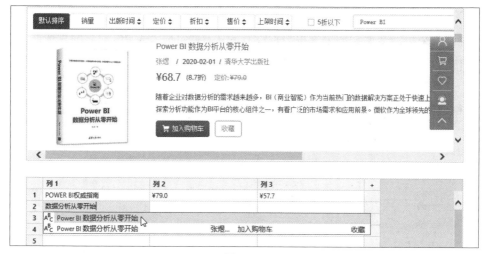

图 4-40

步骤 09 自动采集剩余数据。❶单击第 2 行第 2 列的单元格，❷可看到已根据示例操作自动采集了剩余图书的数据，如图 4-41 所示。

	列 1	列 2	列 3	+
1	POWER BI权威指南	¥79.0	¥57.7	
2	Power BI 数据分析从零开始	¥79.0 ❶	¥68.7	
3	Power:BI建模权威指南	¥89.0	¥62.3	
4	Power BI商业数据分析	¥49.8	¥39.8 ❷	
5	Power BI 商业数据分析	¥89.0	¥62.3	
6	Power BI数据分析与应用	¥45.0	¥36.0	

受影响的其他列: 列 2, 列 3。

确定 取消

图 4-41

步骤 10 重命名列。❶通过双击各列的列名，将列名分别更改为"书名""定价""折扣价"，❷完成后单击"确定"按钮，如图 4-42 所示。

	书名	定价	折扣价 ❶	+
1	POWER BI权威指南	¥79.0	¥57.7	
2	Power BI 数据分析从零开始	¥79.0	¥68.7	
3	Power:BI建模权威指南	¥89.0	¥62.3	
4	Power BI商业数据分析	¥49.8	¥39.8	
5	Power BI 商业数据分析	¥89.0	¥62.3	
6	Power BI数据分析与应用	¥45.0	¥36.0	
7	POWER BI 电商数据分析实战	¥49.0	¥34.3	
8	商业智能-POWER BI数据分析	¥59.8	¥47.8	

❷ 确定 取消

图 4-42

　　步骤 11　加载表。返回"导航器"对话框，在左侧单击"自定义表 [1]"下的"表 7"，可在右侧预览采集的数据。如果觉得数据没有问题，❶勾选"表 7"前方的复选框，❷单击"加载"按钮，如图 4-43 所示，即可将采集的数据导入报表中。

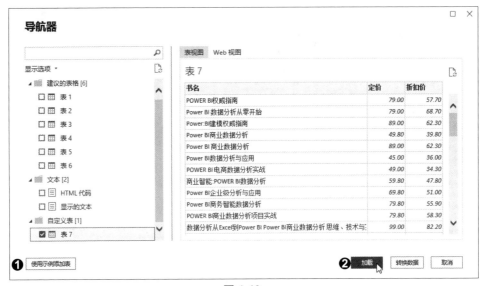

图 4-43

第5章
整理和清洗数据

完成数据的获取后，往往还需要对数据进行整理和清洗，让数据变得更加规范，为数据的分析和可视化打好基础。在 Power BI Desktop 中，数据的整理和清洗主要是用 Power Query 编辑器来完成的，本章就来讲解 Power Query 编辑器的核心操作。

5.1 Power Query 编辑器工作界面简介

Power Query 编辑器是一个易用、高效、智能的数据预处理工具，让用户能在友好的图形化界面中完成数据的 ETL，即提取（Extract）、转换（Transform）、加载（Load）。在 Power BI Desktop 的"主页"选项卡下的"查询"组中单击"转换数据"按钮的图标，即可打开 Power Query 编辑器。

图 5-1 所示为在报表文件"产品统计表 .pbix"中打开的 Power Query 编辑器界面，其各组成部分的名称和功能见表 5-1。

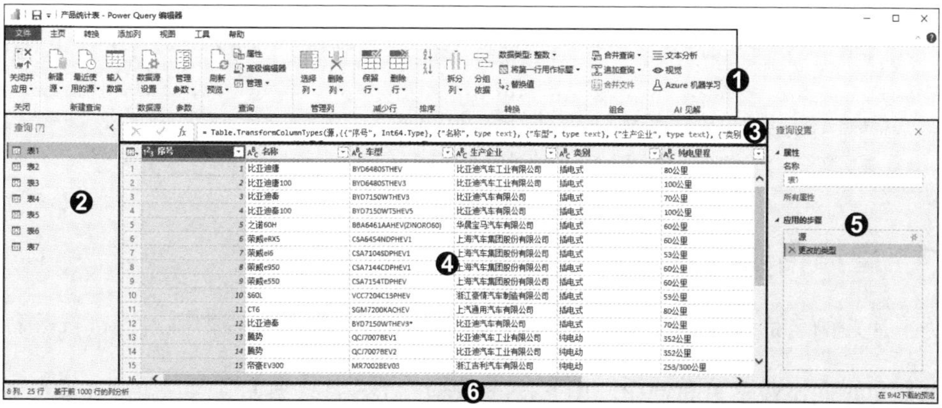

图 5-1

表 5-1

序号	名称	功能
❶	功能区	以选项卡和组的形式分类组织功能按钮，便于用户快速找到所需功能

续表

序号	名称	功能
❷	"查询"窗格	显示当前报表文件中所有查询表的总数和表的名称
❸	公式编辑栏	显示和编辑 M 语言的公式代码
❹	数据编辑区	显示和编辑当前表中的数据
❺	"查询设置"窗格	对当前表所执行的每一步操作都会显示在该窗格的"应用的步骤"列表中，用户可以对操作进行重命名、删除、重新排序等
❻	状态栏	显示当前表的相关信息，如总列数和总行数、列分析的执行方式、预览的下载时间点等

5.2 管理查询表

第 4 章讲解了如何在 Power BI Desktop 中获取数据，获得的数据是以查询表的形式存在的。本节将介绍在 Power Query 编辑器中管理查询表的基本操作，包括重命名、复制、删除、移动、分组管理等。

⚡ 提示

在 Power Query 编辑器中也可以通过导入数据或输入数据的方式创建查询表，相关功能的入口是"主页"选项卡下"新建查询"组中的"新建源"按钮和"输入数据"按钮。具体操作与第 4 章介绍的操作基本相同，这里不再赘述。

◎ 原始文件：实例文件＼第5章＼5.2＼管理查询表1.pbix
◎ 最终文件：实例文件＼第5章＼5.2＼管理查询表2.pbix

5.2.1 重命名表

为了让表的名称直观地反映表的内容，可在 Power Query 编辑器中对表进行重命名。

步骤 01 通过双击重命名表。用 Power BI Desktop 打开原始文件，在"主页"选项卡下单击"转换数据"按钮的图标，打开 Power Query 编辑器。❶在"查询"窗格中双击要重命名的表，表名会呈可编辑状态，如图 5-2 所示，❷输入新的表名，如图 5-3 所示，按〈Enter〉键确认即可。使用相同的方法继续重命名其他表。

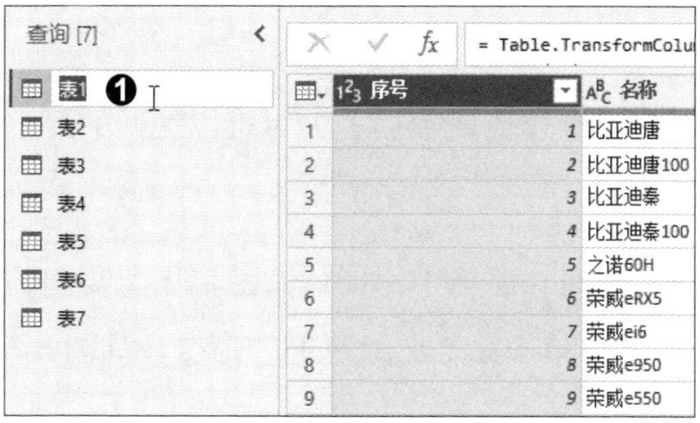

图 5-2

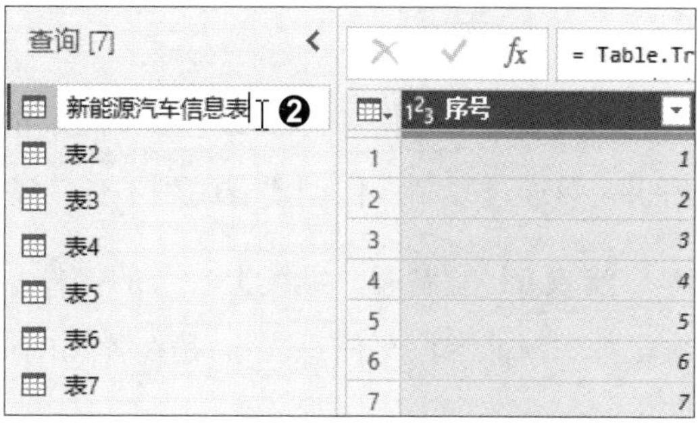

图 5-3

　　重命名表的常用方法还有两种。第 1 种方法是在"查询"窗格中用鼠标右键单击表，在弹出的快捷菜单中选择"重命名"命令。第 2 种方法是在"查询设置"窗格的"名称"文本框中修改表名。

　　步骤 02　应用更改。完成所有重命名操作后，❶在"主页"选项卡下的"关闭"组中单击"关闭并应用"按钮的下拉箭头，❷在展开的列表中单击"应用"选项，如图 5-4 所示。切换至 Power BI Desktop 窗口，❸在右侧的"数据"窗格中也可看到重命名表的效果，如图 5-5 所示。

图 5-4

图 5-5

　　在单击"关闭并应用"按钮的下拉箭头展开的列表中，"关闭并应用"选项表示将各查询表中的更改推送到报表内并退出 Power Query 编辑器，"应用"选项表示推送更改并停留在 Power Query 编辑器内，"关闭"选项表示不推送更改并退出 Power Query 编辑器。在 Power Query 编辑器中执行完所需操作后，通常都需要推送更改。为节约篇幅，在后续的讲解中将适当省略对这一步骤的描述。

5.2.2 复制表

在对表中的数据进行编辑之前，如果担心因为误操作造成数据丢失等难以挽回的严重后果，可通过复制操作创建表的副本作为备份。

步骤 01 复制表。继续上一节的操作，❶在"查询"窗格中用鼠标右键单击要复制的表，如"新能源汽车信息表"，❷在弹出的快捷菜单中单击第 2 个"复制"命令，如图 5-6 所示。

步骤 02 查看复制后的效果。随后在"查询"窗格中会新增一个名为"新能源汽车信息表（2）"的表，如图 5-7 所示，该表的内容与原表的内容相同。

图 5-6

图 5-7

> **提示**
>
> 在"查询"窗格中用鼠标右键单击某个表后弹出的快捷菜单中有两个"复制"命令，要注意区分。第 1 个"复制"命令用于将表复制到剪贴板，将该命令与菜单中的"粘贴"命令结合使用，同样可以创建表的副本。同理，在选中表后依次按〈Ctrl+C〉键和〈Ctrl+V〉键，也可以创建表的副本。

5.2.3 删除表

对于已经无用的表，可以在"查询"窗格中将其删除。

步骤 01 删除表。继续上一节的操作，❶在"查询"窗格中选中要删除的表，如"新能源汽车信息表（2）"，按〈Delete〉键，❷在弹出的"删除查询"对话框中单击"删除"按钮，如图 5-8 所示。

步骤 02 查看删除后的效果。在"查询"窗格中可看到所选的表已经不存在了，如图 5-9 所示。

图 5-8

图 5-9

💡 提示

　　在"查询"窗格中用鼠标右键单击某个表，在弹出的快捷菜单中单击"删除"命令，也可删除表。如果要同时删除多个表，可按住〈Ctrl〉键选中多个表，然后按〈Delete〉键或使用右键快捷菜单进行删除。

5.2.4　移动表

　　如果需要调整"查询"窗格中表的排列顺序，可对表进行移动。

　　步骤 01 移动表的位置。继续上一节的操作，❶在"查询"窗格中选中要移动的表，如"新能源汽车信息表"，❷按住鼠标左键不放，将表拖动至目标位置，如图 5-10 所示。

　　步骤 02 查看移动后的效果。释放鼠标，完成移动，效果如图 5-11 所示。

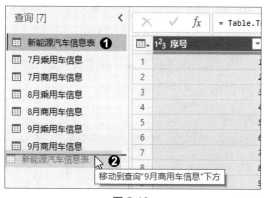

图 5-10

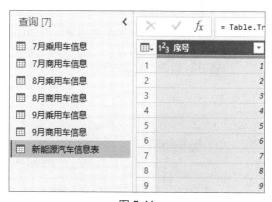

图 5-11

💡 提示

　　在"查询"窗格中用鼠标右键单击某个表，在弹出的快捷菜单中单击"上移"或"下移"命令，可将表向上或向下移动一个位置。

5.2.5 表的分组管理

当表的数量较多时，可通过创建组对表进行分类组织，以提高表的管理效率。

步骤 01 新建组。继续上一节的操作，❶在"查询"窗格的空白处单击鼠标右键，❷在弹出的快捷菜单中单击"新建组"命令，如图 5-12 所示。弹出"新建组"对话框，❸在"名称"文本框中输入新建组的名称，如"乘用车信息"，❹单击"确定"按钮，如图 5-13 所示。

图 5-12   图 5-13

步骤 02 将表移至组中。在"查询"窗格中可以看到新建的"乘用车信息"组，并且所有的表都被自动移入一个名为"其他查询"的组中。❶选中要移动到"乘用车信息"组的表，如"7 月乘用车信息"，❷按住鼠标左键不放，将表拖动至目标组中，❸释放鼠标，完成移动，如图 5-14 所示。将表移至组中的另一种方法是用鼠标右键单击某个表，在弹出的快捷菜单中单击"移至组"命令，在下级菜单中可以选择将表移至现有的组或新建的组。

步骤 03 查看分组后的效果。使用相同的方法继续新建组和移动表，最终效果如图 5-15 所示。单击组名称左侧的折叠／展开按钮可对组中的内容进行折叠／展开。

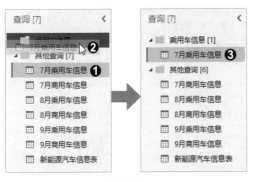

图 5-14   图 5-15

提示

　　表的分组可以嵌套。例如，可先创建一个"2024 年"组，然后在该组上单击鼠标右键，利用快捷菜单中的"新建组"命令在该组下创建"1 月""2 月""3 月"等子组，得到两个层级的分组结构。

　　步骤 04　取消分组。❶在某个组上单击鼠标右键，如"乘用车信息"，❷在弹出的快捷菜单中单击"取消分组"命令，❸"乘用车信息"组将从"查询"窗格中消失，组中的表则被移至"其他查询"组，如图 5-16 所示。

　　步骤 05　删除分组。❶选中某个组，如"商用车信息"，按〈Delete〉键，❷将弹出"删除组"对话框，如图 5-17 所示。如果单击"删除"按钮，则会删除所选组及组中所有的表。

图 5-16　　　　　　　　　　　　　　　　　　图 5-17

提示

　　"其他查询"组是一个特殊的组，其组名无法更改。对"其他查询"组执行删除操作时，只会删除其中的表，而该组将继续存在。当"查询"窗格中只有"其他查询"组时，可对该组执行取消分组操作，让窗格中的表恢复至无分组的状态。

5.3　清洗数据

　　数据清洗是数据预处理的一个重要步骤，旨在识别和纠正数据集中的质量问题，如不准确的列标题或数据类型、重复项、错误值、缺失值等，从而确保数据的一致性、可靠性和可用性，使数据更适合用于分析、建模和决策。本节将讲解如何使用 Power Query 编辑器清洗数据。

5.3.1 设置列标题

如果数据源的格式不规范，在列标题上方还有其他内容，那么在导入数据时这些内容有可能被错误地识别成列标题。为了解决这个问题，Power Query 编辑器提供了"将第一行用作标题"功能，它能将行数据提升为列标题。此外，用户还可根据实际需求手动修改列标题。

◎ 原始文件：实例文件 \ 第5章 \ 5.3 \ 5.3.1 \ 产品统计表.xlsx
◎ 最终文件：实例文件 \ 第5章 \ 5.3 \ 5.3.1 \ 设置列标题.pbix

步骤 01 查看数据源。打开原始文件，可以看到工作表的第 1 行是整个数据表的总标题，第 2 行是数据的统计日期，第 3 行是列标题，如图 5-18 所示。

步骤 02 导入数据。启动 Power BI Desktop，使用"获取数据"功能将原始文件中的数据导入报表。打开 Power Query 编辑器查看表，会发现表的列标题不正确，第 2 行数据才是正确的列标题，如图 5-19 所示。

图 5-18   图 5-19

步骤 03 将数据提升成列标题。❶切换至"转换"选项卡，❷在"表格"组中单击"将第一行用作标题"按钮的图标，❸第 1 行数据即被提升为列标题，如图 5-20 所示。

步骤 04 继续完成设置。再次单击"将第一行用作标题"按钮的图标，让含有正确列标题的行数据被提升为列标题，效果如图 5-21 所示。

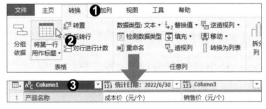

图 5-20   图 5-21

> **⚡ 提示**
>
> 　　如果数据源的列标题缺失，那么在导入数据时第 1 行数据有可能被错误地识别成列标题。解决办法是单击"将第一行用作标题"按钮的下拉箭头，在展开的列表中单击"将标题作为第一行"选项，将列标题降级为第 1 行数据，然后手动修改列标题。

　　步骤 05 手动修改列标题。双击某一列的列标题，使其进入可编辑的状态，然后输入新的列标题，按〈Enter〉键确认，即可完成列标题的修改，如图 5-22 所示。

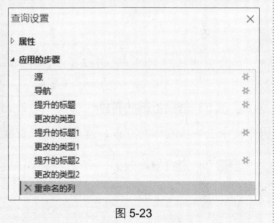

图 5-22

> **⚡ 提示**
>
> 　　对查询表应用的每一步操作都会被记录下来并显示在"查询设置"窗格的"应用的步骤"列表中，如图 5-23 所示。单击某一步操作，数据编辑区中会显示对数据应用该操作的结果。如果要撤销某一步操作，可单击该操作前的 ☒ 按钮来删除操作。如果窗口中未显示"查询设置"窗格，可在"视图"选项卡下的"布局"组中单击"查询设置"按钮来打开此窗格。

图 5-23

5.3.2　设置列的数据类型

　　Power BI Desktop 会在导入数据时自动检测和设置各列的数据类型，如果自动设置的数据类型存在错误，就需要在 Power Query 编辑器中进行手动调整。

　　◎ 原始文件：实例文件＼第5章＼5.3＼5.3.2＼设置列的数据类型1.pbix
　　◎ 最终文件：实例文件＼第5章＼5.3＼5.3.2＼设置列的数据类型2.pbix

　　步骤 01 查看数据类型。打开原始文件，然后打开 Power Query 编辑器，在"查询"窗格中选中"表 1"，在数据编辑区中查看数据，每一列的列标题左侧的图标即代表该列的数据类型。如果不理解图标的含义，❶可以用鼠标右键单击列标题，如"单号"，❷在弹出的快捷菜单中单击"更改类型"选项，❸在展开的下级菜单中可以看到"整数"选项处于勾选状态，说明该列的当前数据类型是整数，如图 5-24 所示。

步骤 02 **更改数据类型**。单号一般不能参与数学运算，而是要作为文本来处理，因此，在下级菜单中单击"文本"选项，如图 5-25 所示。

图 5-24

图 5-25

 提示

> 单击列标题左侧代表数据类型的图标，在展开的列表中也可选择新的数据类型。

步骤 03 **替换当前的转换**。弹出"更改列类型"对话框，需要选择在"查询设置"窗格中记录上一步操作的方式，这里单击"替换当前转换"按钮，如图 5-26 所示。

步骤 04 **查看设置效果**。完成上述操作后，可在数据编辑区中看到将"单号"列的数据类型更改为文本后的效果，如图 5-27 所示。

图 5-26

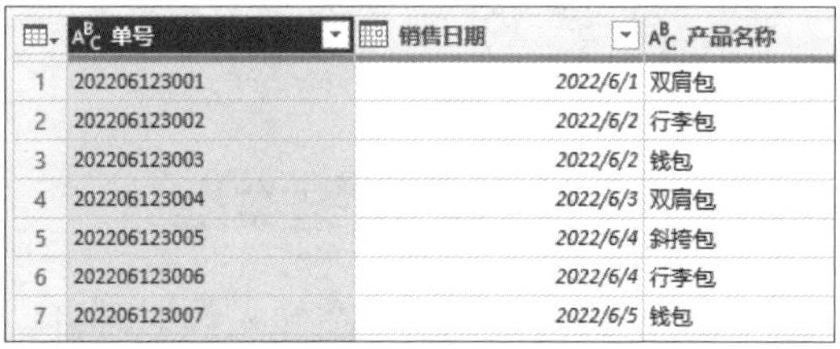

图 5-27

5.3.3 处理重复项

数据中的重复项可能会让分析结果产生误差，无法准确地反映真实情况，因此，处理重复项是数据清洗中至关重要的步骤。重复项的判断和处理可以基于单列的值，也可以基于多列的值的组合，需要根据数据的特点和分析的目的来决定。

重复项的处理方式通常是保留其中一项，删除其余项。在少数情况下则需要筛选出重复项，以便进行特殊的分析。这些操作在 Power Query 编辑器中都能轻松地完成。

　　◎ 原始文件：实例文件 \ 第5章 \ 5.3 \ 5.3.3 \ 产品销售记录.xlsx
　　◎ 最终文件：实例文件 \ 第5章 \ 5.3 \ 5.3.3 \ 处理重复项.pbix

　　步骤 01 查看数据的分布情况。启动 Power BI Desktop，使用"获取数据"功能将原始文件中的数据导入报表。打开 Power Query 编辑器，❶在"视图"选项卡下的"数据预览"组中勾选"列分发"复选框，❷在列标题下方会显示各列的值的分布情况，如图 5-28所示。其中，"非重复值"（distinct）是指不包含重复值的单个值，"唯一值"（unique）是指只出现过一次的值。假设要基于"单号"列判断重复项，该列的"非重复值"和"唯一值"数量不同，说明存在重复项。

　　步骤 02 删除重复项。一般来说单号不允许重复，所以需要删除"单号"列的重复项。❶用鼠标右键单击"单号"列的列标题，❷在弹出的快捷菜单中单击"删除重复项"命令，如图 5-29 所示。

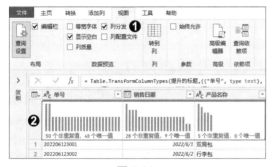

图 5-28　　　　　　　　　　　　　　　　　图 5-29

　　步骤 03 查看删除重复项的效果。随后在数据编辑区可以看到"单号"列的"非重复值"和"唯一值"数量变为相同，如图 5-30 所示，说明已没有重复项，每一行都是唯一的一笔订单数据。

　　步骤 04 筛选重复项。假设要继续分析一天中有不止一笔订单的情况，就需要筛选出"销售日期"列存在重复项的行。❶选中"销售日期"列，❷在"主页"选项卡下的"减少行"组中单击"保留行"按钮的下拉箭头，❸在展开的列表中单击"保留重复项"选项，如图 5-31 所示。

图 5-30

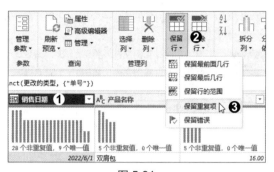

图 5-31

步骤 05 查看筛选重复项的效果。随后在数据编辑区可以看到"销售日期"列的"唯一值"数量变为 0，如图 5-32 所示，说明只出现过一次的日期已被筛除，留下的都是出现过不止一次的日期。

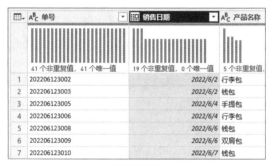

图 5-32

提示

如果要基于多列的值的组合来处理重复项，只需要选中这些列，然后按照上述方法进行操作即可。

5.3.4 处理错误值

在 Power Query 编辑器中显示为"Error"的值称为错误值。错误值的成因很多，如值的数据类型与列的数据类型不匹配、公式发生了运算错误等。

错误值的处理方式需要根据数据的特点和分析的目的来选择，除了通过"追根溯源"并"对症下药"来消除错误值，还可以删除或替换错误值。如果含有错误值的记录占比极小且呈随机分布，没有这些记录也不会导致样本偏差过大或损失过多有效信息，可以直接删除含有错误值的记录。如果能通过进一步调查获得错误值的真实值或合理估算值，则可用这些值替换错误值。

◎ 原始文件：实例文件＼第5章＼5.3＼5.3.4＼加班记录表.xlsx

◎ 最终文件：实例文件＼第5章＼5.3＼5.3.4＼处理错误值.pbix

步骤 01 查看错误值的情况。在 Power BI Desktop 中导入原始文件中的数据，打开 Power Query 编辑器，将"加班日期"列的数据类型更改为日期。❶在数据编辑区可以看到两个单元格中的值显示为"Error"，❷在"视图"选项卡下的"数据预览"组中勾选"列质量"复选框，❸在列标题下方会显示各列的值的质量信息，其中包含错误值的占比，如图 5-33 所示。

步骤 02 查看错误值的详细信息。❶单击某个含有错误值的单元格，❷在数据编辑区下方会显示错误值的成因和原始值，如图 5-34 所示。分析这些信息可以发现，错误值的原始值"2022/2/29"是一个不存在的日期，故而在将其转换成日期型数据时发生了错误。

图 5-33　　　　　　　　　　　　　　图 5-34

> **提示**
>
> 当数据较多时，为便于分析错误值的成因，可以将错误值筛选出来。具体方法是选中包含错误值的列，然后在"主页"选项卡下的"减少行"组中单击"保留行"按钮的下拉箭头，在展开的列表中单击"保留错误"选项。

步骤 03 删除错误值。先来学习如何删除错误值。❶用鼠标右键单击包含错误值的"加班日期"列的列标题，❷在弹出的快捷菜单中单击"删除错误"命令，如图 5-35 所示。

图 5-35

步骤 04 查看删除错误值的效果。❶随后在数据编辑区中可以看到包含错误值的两条加班记录已经消失，❷列标题下方数据质量信息中的错误值占比也变为 0%，如图 5-36 所示。

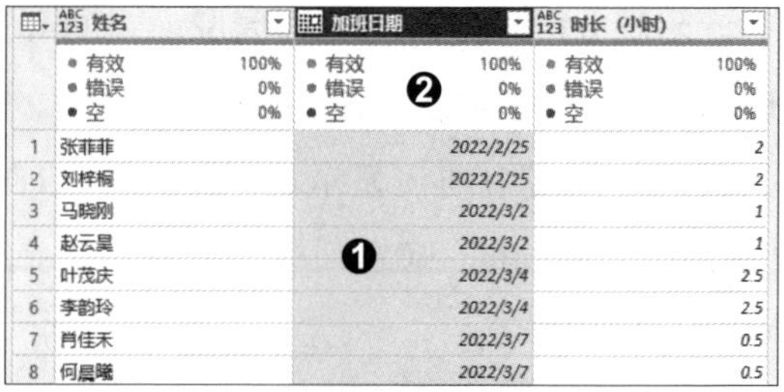

图 5-36

步骤 05 替换错误值。接着学习如何替换错误值。在"查询设置"窗格中删除上一步操作，恢复包含错误值的加班记录。❶用鼠标右键单击"加班日期"列的列标题，❷在弹出的快捷菜单中单击"替换错误"命令，如图 5-37 所示。弹出"替换错误"对话框，❸在"值"文本框中输入正确的日期，如"2022/2/28"，❹单击"确定"按钮，如图 5-38 所示。

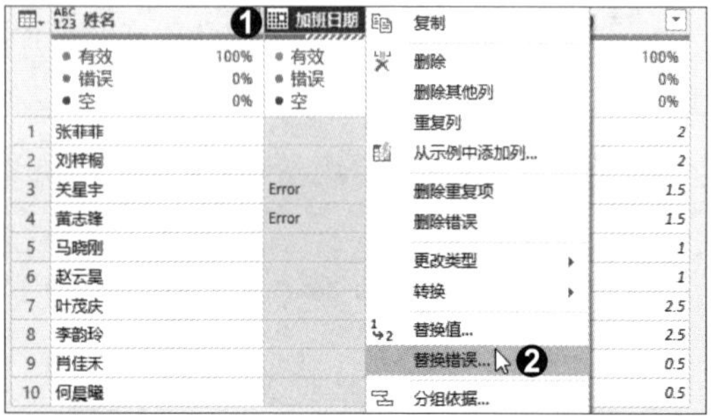

图 5-37

图 5-38

步骤 06 查看替换错误值的效果。❶随后在数据编辑区中可以看到错误值已被替换成正确的日期，❷列标题下方数据质量信息中的错误值占比也变为 0%，如图 5-39 所示。

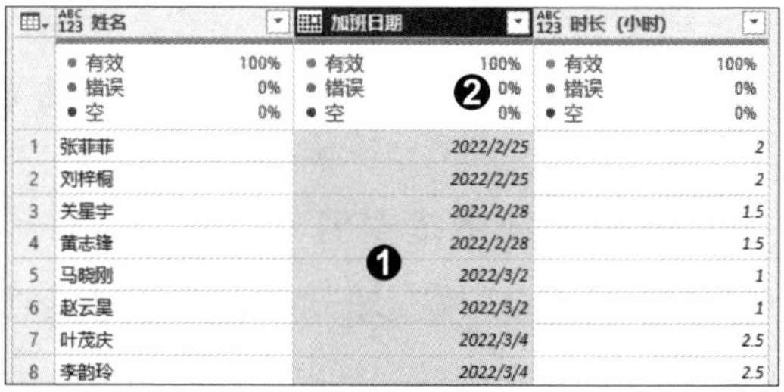

图 5-39

5.3.5 处理空值

Power Query 编辑器中的空值主要有两种形式：null 值，表示缺失的值，显示为"null"；空字符串，表示长度为 0 的字符串，显示为空白单元格。

空值的常见处理方式有 3 种：删除，即直接删除含有空值的记录；替换，即将空值替

换成用户指定的值；填充，可视为一种特殊的替换，是指用空值上方或下方相邻单元格的
非空值来替换空值。

◎ 原始文件：实例文件 \ 第5章 \ 5.3 \ 5.3.5 \ 区域销售统计.csv
◎ 最终文件：实例文件 \ 第5章 \ 5.3 \ 5.3.5 \ 处理空值.pbix

步骤 01　查看数据源。本节的原始文件是从如图 5-40 所示的 Excel 工作表中导出的，
可以看到原先的工作表数据中"年份"列和"区域"列存在合并单元格，这将导致导出的
数据包含空值。

步骤 02　查看空值的情况。在 Power BI Desktop 中导入原始文件中的数据，然后打开
Power Query 编辑器，❶在数据编辑区可以看到"年份"列和"区域"列的部分单元格中
的值显示为"null"或空白，在"视图"选项卡下的"数据预览"组中勾选"列质量"复
选框，❷在列标题下方的列质量信息中可以看到空值的占比，如图 5-41 所示。

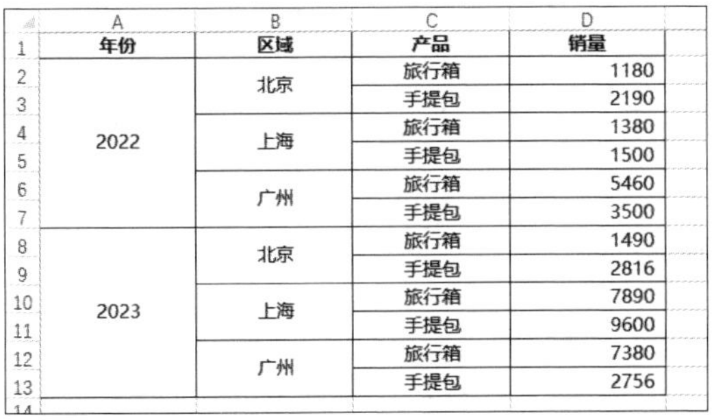

图 5-40

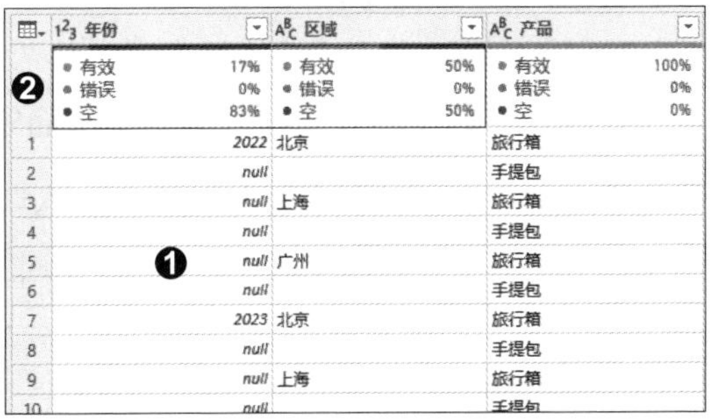

图 5-41

⚡ **提示**

　　有时显示为空白的单元格并不是空值，而是包含空格等不可见字符。为了更准
确地查看某一列中空值的情况，可以在"视图"选项卡下的"数据预览"组中勾选
"列配置文件"复选框，然后选中该列，在数据编辑区下方的列统计信息中会分别列
出 null 值（显示为"空"）和空字符串的数量。

步骤 03　删除空值。先来学习如何删除空值。以"年份"列为例，❶单击列标题右侧
的下拉箭头，❷在弹出的排序和筛选列表中单击"删除空"选项，如图 5-42 所示，❸在数
据编辑区可以看到"年份"列为空值的行均已消失，如图 5-43 所示。

图 5-42 　　　　　　　　　　　　　　　　图 5-43

> **提示**
>
> 　　如果要删除行中所有值均为空值的行，可以在"主页"选项卡下的"减少行"组中单击"删除行"按钮的下拉箭头，在展开的列表中单击"删除空行"选项。

　　步骤 04 填充空值。参考原先的工作表数据，"年份"列中空值的理想处理方式并不是删除，而是向下填充，因此，在"查询设置"窗格中删除上一步操作，恢复包含空值的行。❶保持选中"年份"列，❷在"转换"选项卡下的"任意列"组中单击"填充"按钮的下拉箭头，❸在展开的列表中单击"向下"选项，如图 5-44 所示。❹在数据编辑区可以看到向下填充的效果，❺列标题下方数据质量信息中的空值占比也变为 0%，如图 5-45所示。如果需要进行向上填充，选择"向上"选项即可。

图 5-44

图 5-45

　　步骤 05 替换空值。"区域"列的空值也应该做向下填充处理，但是该列中的空值是空字符串，而"填充"功能只能处理 null 值，所以需要先将空字符串替换成 null 值，再进行向下填充。❶选中"区域"列，❷在"转换"选项卡下的"任意列"组中单击"替换值"按钮的图标，如图 5-46 所示。弹出"替换值"对话框，❸在"要查找的值"文本框中不做输入，表示查找空字符串，❹在"替换为"文本框中输入"null"，❺单击"确定"按钮，如图 5-47 所示。

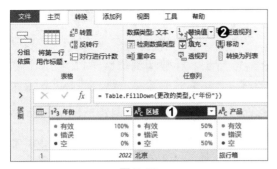
图 5-46

图 5-47

> **提示**
>
> 　　如果需要将空值替换成非空值,也可以用"替换值"功能来完成。替换 null 值时,在"要查找的值"文本框中输入"null";替换空字符串时,在"要查找的值"文本框中不做输入。

　　步骤 06 继续填充空值。随后在数据编辑区可以看到"区域"列中的空字符串全部被替换成 null 值,如图 5-48 所示。继续使用步骤 04 的方法对该列的 null 值进行向下填充处理,最终效果如图 5-49 所示。

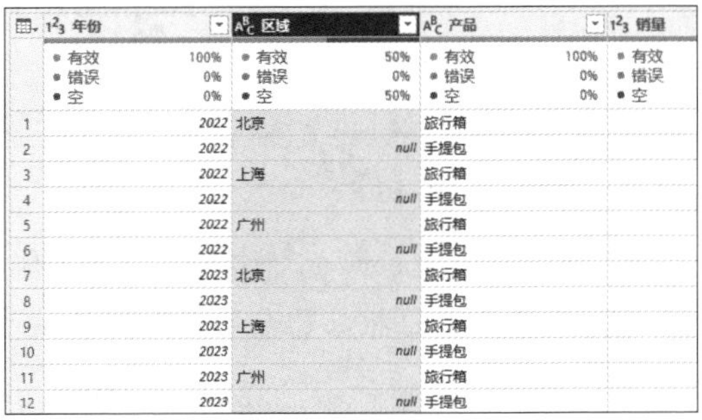

图 5-48 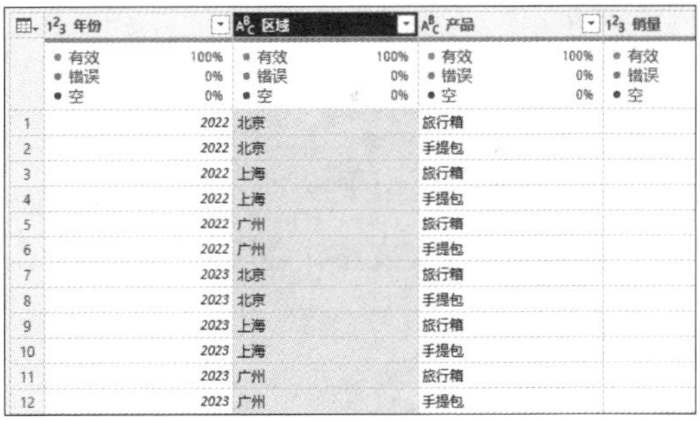　　　　　　　　　　　　　　图 5-49

5.3.6 整理数据格式

　　Power Query 编辑器提供的数据格式整理功能可以快速完成转换大小写、清除无用字符、添加前后缀等任务,从而确保数据格式的一致性。

◎ 原始文件:实例文件 \ 第5章 \ 5.3 \ 5.3.6 \ 员工账号信息.csv

◎ 最终文件:实例文件 \ 第5章 \ 5.3 \ 5.3.6 \ 整理数据格式.pbix

步骤 01 查看待整理的数据。在 Power BI Desktop 中导入原始文件中的数据，打开 Power Query 编辑器，在"视图"选项卡下的"数据预览"组中勾选"显示空白"复选框，以显示文本中的前导空格和换行符，如图 5-50 所示。在数据编辑区可以看到，"员工姓名"列的数据中存在多余的前导空格和换行符，需要批量删除；"姓名拼音"列的数据中，姓和名均为全大写形式，并用"/"分隔，需要改成首字母大写形式，并用空格分隔。此外，由于该企业的管理系统进行了升级改造，"OA 账号"列的数据需要添加后缀"@OA"。

步骤 02 删除空格和不可打印字符。❶选中"员工姓名"列，❷在"转换"选项卡下的"文本列"组中单击"格式"按钮的下拉箭头，❸在展开的列表中依次单击"修整"和"清除"选项，如图 5-51 所示。其中，"修整"用于删除文本的前导空格和尾部空格，"清除"用于删除换行符等不可打印的字符，这两个功能经常一起使用。

图 5-50

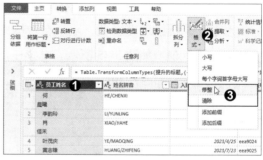

图 5-51

步骤 03 替换文本。❶用鼠标右键单击"姓名拼音"列的列标题，❷在弹出的快捷菜单中单击"替换值"命令，如图 5-52 所示。弹出"替换值"对话框，❸在"要查找的值"文本框中输入"/"，❹在"替换为"文本框中输入一个空格，❺单击"确定"按钮，如图 5-53 所示。

图 5-52

图 5-53

　　步骤 04 转换大小写。❶选中"姓名拼音"列，❷在"转换"选项卡下的"文本列"组中单击"格式"按钮的下拉箭头，❸在展开的列表中单击"每个字词首字母大写"选项，如图 5-54 所示。

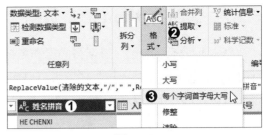

图 5-54

　　步骤 05 添加后缀。❶选中"OA 账号"列，❷在"转换"选项卡下的"文本列"组中单击"格式"按钮的下拉箭头，❸在展开的列表中单击"添加后缀"选项，如图 5-55 所示。弹出"后缀"对话框，❹在"值"文本框中输入要添加的后缀文本，❺单击"确定"按钮，如图 5-56 所示。

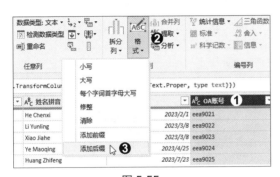

图 5-55

后缀

输入要添加到列中每个值的末尾的文本值。

值

@OA ❹

❺ 确定　　取消

图 5-56

　　步骤 06 查看整理后的数据。在数据编辑区查看整理后的数据，如图 5-57 所示。上面只用到了"格式"按钮的一部分功能，其他功能的用法也是类似的，读者可以自行尝试。

	A^B_C 员工姓名	A^B_C 姓名拼音	入职时间	A^B_C OA账号
1	何晨曦	He Chenxi	2023/2/1	eea9021@OA
2	李韵玲	Li Yunling	2023/3/8	eea9022@OA
3	肖佳禾	Xiao Jiahe	2023/3/8	eea9023@OA
4	叶茂庆	Ye Maoqing	2023/4/25	eea9024@OA
5	黄志锋	Huang Zhifeng	2023/7/23	eea9025@OA
6	马晓刚	Ma Xiaogang	2023/7/23	eea9026@OA
7	赵云昊	Zhao Yunhao	2023/7/23	eea9027@OA
8	刘梓桐	Liu Zitong	2023/8/11	eea9028@OA
9	关星宇	Guan Xingyu	2023/8/11	eea9029@OA
10	张菲菲	Zhang Feifei	2023/10/5	eea9030@OA

图 5-57

5.3.7 借助 Python 清洗数据

Python 是统计学家、数据科学家和数据分析师使用最广泛的编程语言之一。Power BI Desktop 中也集成了 Python，让用户可以通过编写和运行 Python 代码完成数据的获取、清洗、分析和可视化。本节将简单介绍如何在 Power Query 编辑器中借助 Python 清洗数据。

在讲解具体操作之前，先来了解一些背景知识。首先，在 Power BI Desktop 中运行 Python 代码的前提条件是在本地计算机上安装 Python 解释器和所需的第三方模块，相关的操作说明见实例文件中的电子文档。其次，Power BI Desktop 与 Python 之间的数据交换是通过 pandas 模块的 DataFrame 对象来实现的。pandas 模块是一个专门用于处理和分析数据的 Python 第三方模块，DataFrame 对象则是 pandas 模块内部定义的一种类似二维表格的数据结构。Power BI Desktop 会将待处理的查询表加载至一个名为 dataset 的 DataFrame 对象中，用户则在 Python 代码中通过 dataset 调用 pandas 模块的功能，完成所需的操作。

◎ 原始文件：实例文件＼第5章＼5.3＼5.3.7＼图书信息.csv
◎ 最终文件：实例文件＼第5章＼5.3＼5.3.7＼借助Python清洗数据.pbix

步骤 01 查看待清洗的数据。在 Power BI Desktop 中导入原始文件中的数据，打开 Power Query 编辑器，可以看到"书名"列的数据包含一些多余的 HTML 标签，如""和""等，其规律是都被"<>"括起来，如图 5-58 所示。这里为了避免数据处理过程中出现数据类型冲突，暂时将"出版时间"列的数据类型更改为文本。

图 5-58

步骤 02 编写 Python 代码。明确了数据清洗的目标，就可以着手编写 Python 代码了。如果完全不懂 Python 编程也不用担心，我们可以利用第 3 章介绍的 AI 工具生成代码。演示对话如下：

我需要你扮演一名资深的 Python 数据分析师，帮我编写 Python 代码，使用 pandas 模块完成数据清洗任务。任务的相关信息和要求如下：

（1）要处理的数据集已加载到名为 dataset 的 DataFrame 对象中。

（2）任务的目标是删除 dataset 中的"书名"列所包含的多余字符串，其规律是被"<>"括起来。

（3）你输出的代码不要包含导入 / 导出 dataset 或打印输出 dataset 的代码。

AI 以下是根据您的需求编写的 Python 代码片段：

```
1    # 假设数据集已加载到名为dataset的DataFrame对象中
2    # 使用正则表达式替换"书名"列中被"<>"括起来的内容
3    dataset['书名'] = dataset['书名'].str.replace(r'<.*?>', '', re-
     gex=True)
```

这段代码将会遍历"书名"列中的每个元素，使用正则表达式匹配被"<>"括起来的多余字符串，并将其替换为空字符串，完成数据清洗的任务。

步骤 03 运行 Python 代码。完成 Python 代码的编写后，返回 Power Query 编辑器，在"转换"选项卡下单击"脚本"组中的"运行 Python 脚本"按钮，如图 5-59 所示。弹出"运行 Python 脚本"对话框，❶将 AI 工具生成的代码复制、粘贴到"脚本"文本框中，❷单击"确定"按钮，如图 5-60 所示。代码中以"#"开头的行是注释，起解释、说明、备忘的作用。

图 5-59

图 5-60

步骤 04 设置隐私级别。公式编辑栏下方会弹出要求提供数据隐私信息的提示条，❶单击其中的"继续"按钮，❷在弹出的"隐私级别"对话框中将 Python 和相关文件夹的隐私级别均设置为"公共"，❸单击"保存"按钮，如图 5-61 所示。随后会开始运行输入的 Python 代码。

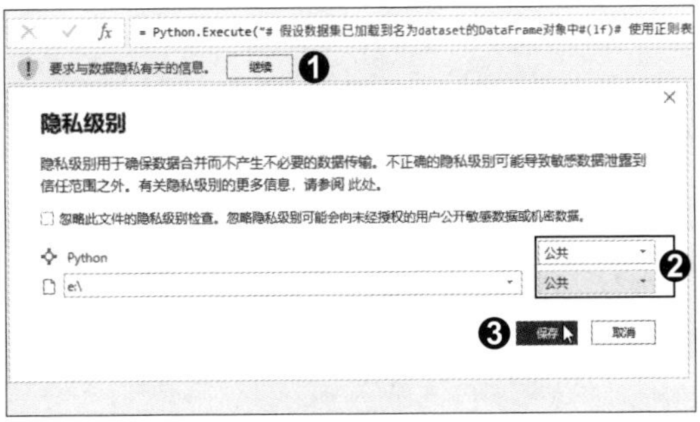

图 5-61

步骤 05 查看运行结果。代码运行完毕后，在数据编辑区单击"Table"链接，如图 5-62 所示，即可看到清洗后的数据，如图 5-63 所示。

图 5-62

	书名	出版时间	1.2 定价
1	Python数据科学实践	2020/7/1	
2	数据结构（Python版）	2022/4/1	
3	你好，Python	2022/10/1	
4	Python神经网络编程	2023/2/1	
5	Python程序设计	2023/3/1	
6	Python网络爬虫	2023/3/1	
7	流畅的Python	2023/4/1	
8	Python入门教程	2023/7/1	
9	Python财务应用	2023/7/1	
10	Python编程基础	2023/10/1	

图 5-63

> **提示**
>
> 如果需要修改 Python 代码，可以在"查询设置"窗格中双击"运行 Python 脚本"步骤，打开相应的对话框进行修改。运行完 Python 代码后，Power Query 编辑器会自动设置各列的数据类型。如果发现未设置正确，可手动进行设置。

由于篇幅有限，本节只介绍了 Python 在数据清洗中的应用。实际上，Python 在网络爬虫领域也非常受欢迎，Power BI Desktop 的"获取数据"功能支持通过运行 Python 代码来爬取网页数据。对 Python 网络爬虫编程感兴趣的读者可以参考北京理工大学出版社出版的《AI 编程班：Python×ChatGPT 网络爬虫从入门到精通》。

第6章
数据结构重塑

在数据处理与分析中，数据结构重塑是指改变数据的组织形式，以便更有效地进行分析、可视化或其他操作。Power Query 编辑器中的每个查询表都是由行和列这两个基本元素构成的，数据结构重塑自然与行和列密不可分。因此，本章将先讲解行和列的基本操作，再讲解数据结构重塑的常用操作。

6.1 行的基本操作

在 Power Query 编辑器中，行的基本操作主要包括查看行数据、保留和删除行、排序和筛选行等。

6.1.1 查看行数据

熟悉 Excel 的读者都知道，在工作表中可通过调整行高和列宽来完整地显示数据内容。而 Power Query 编辑器是一个数据预处理工具，其功能设计的重心是数据的转换和清洗，而不是数据的外观呈现，所以它不支持调整行高，只支持通过拖动列分隔线来增大列宽，并且不支持保存列宽设置。当数据内容较长时，为了看到完整的数据内容，就需要使用本节介绍的方法。

◎ 原始文件：实例文件 \ 第6章 \ 6.1 \ 6.1.1 \ 查看行数据.pbix
◎ 最终文件：无

步骤 01 查看整行数据。打开原始文件，进入 Power Query 编辑器，❶在数据编辑区中单击某一行的行号，如 2，将该行选中，❷在数据编辑区下方会显示该行中所有单元格数据的完整内容，如图 6-1 所示。

步骤 02 查看单个单元格的数据。❶单击某个单元格，❷在数据编辑区下方会显示该单元格数据的完整内容，如图 6-2 所示。

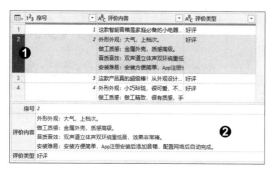

图 6-1

图 6-2

6.1.2 保留和删除行

Power Query 编辑器中"主页"选项卡下"减少行"组中的"保留行"按钮和"删除行"可根据特定条件保留或删除一部分行，详见表 6-1。其中的部分功能已在第 5 章提到过，本节将从未介绍过的功能中挑选几个有代表性的功能进行讲解，读者可通过举一反三自行学习和掌握其余功能。

表 6-1

按钮	功能选项	功能说明
保留行	保留最前面几行	保留查询表开头指定数量的行
	保留最后几行	保留查询表末尾指定数量的行
	保留行的范围	从指定的行号开始保留指定数量的行
	保留重复项	基于指定的列保留重复的行，应用于处理重复项（5.3.3 节）
	保留错误	保留指定的列中含有错误值的行，应用于处理错误值（5.3.4 节）
删除行	删除最前面几行	删除查询表开头指定数量的行
	删除最后几行	删除查询表末尾指定数量的行
	删除间隔行	从指定的行号开始重复删除和保留指定数量的行
	删除重复项	基于指定的列删除重复的行，应用于处理重复项（5.3.3 节）
	删除空行	删除行中所有值均为空值的行，应用于处理空值（5.3.5 节）
	删除错误	删除指定的列中含有错误值的行，应用于处理错误值（5.3.4 节）

◎ 原始文件：实例文件\第6章\6.1\6.1.2\保留和删除行1.pbix
◎ 最终文件：实例文件\第6章\6.1\6.1.2\保留和删除行2.pbix

步骤 01 调用"保留行的范围"功能。打开原始文件，进入 Power Query 编辑器。❶切换至"表 1"，❷在"主页"选项卡下的"减少行"组中单击"保留行"按钮的下拉箭头，❸在展开的列表中单击"保留行的范围"选项，如图 6-3 所示。

步骤 02 指定要保留的行的范围。弹出"保留行的范围"对话框，❶在文本框中输入要保留的首行的行号和要保留的行数，如 6 和 12，❷单击"确定"按钮，如图 6-4 所示。

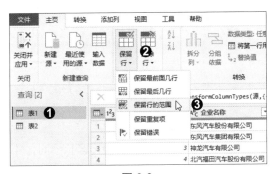

图 6-3

图 6-4

步骤 03 查看保留行的范围的效果。在数据编辑区可以看到"表 1"中只剩下原先第 6 ～ 17 行的数据，如图 6-5 所示。

步骤 04 调用"删除间隔行"功能。❶切换至"表 2"，❷在"主页"选项卡下的"减少行"组中单击"删除行"按钮的下拉箭头，❸在展开的列表中单击"删除间隔行"选项，如图 6-6 所示。

图 6-5

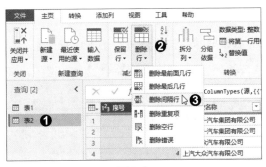

图 6-6

步骤 05 指定删除间隔行的方式。弹出"删除间隔行"对话框，❶在文本框中输入要删除的第一行、要删除的行数、要保留的行数等参数，如 2、3、4，❷单击"确定"按钮，如图 6-7 所示。

步骤 06 **查看删除间隔行的效果**。随后会对"表 2"中的数据从第 2 行开始，按照"删 3 行、留 4 行"的方式进行处理，效果如图 6-8 所示。

图 6-7

图 6-8

6.1.3 排序和筛选行

Power Query 编辑器中的排序和筛选操作与 Excel 中的排序和筛选操作基本相同，本节只做简单介绍。

◎ 原始文件：实例文件＼第6章＼6.1＼6.1.3＼排序和筛选行1.pbix
◎ 最终文件：实例文件＼第6章＼6.1＼6.1.3＼排序和筛选行2.pbix

步骤 01 **数据排序**。打开原始文件，进入 Power Query 编辑器。❶单击"最高车速（km/h）"列的列标题右侧的下拉箭头，❷在展开的列表中单击排序顺序，如"升序排序"，如图 6-9 所示。

步骤 02 **数据筛选**。排序和筛选列表会根据列的数据类型提供不同的筛选器，这里以文本数据的筛选为例进行讲解。❶单击"车型"列的列标题右侧的下拉箭头，❷在展开的列表中单击"文本筛选器→包含"选项，如图 6-10 所示。

图 6-9

图 6-10

> **提示**
>
> 　　如果要基于多个列进行排序，则按照排序的优先级依次对这些列进行操作。如果要撤销对某一列的排序，则单击列标题右侧的下拉箭头，在展开的列表中单击"清除排序"选项。
>
> 　　如果需要反转行的排列顺序，让倒数第 1 行变为第 1 行，倒数第 2 行变为第 2 行，倒数第 3 行变为第 3 行……可以在"转换"选项卡下的"表格"组中单击"反转行"按钮。

　　步骤 03 设置筛选条件。弹出"筛选行"对话框，❶设置筛选条件，如包含"清洗车"或包含"洗扫车"，❸单击"确定"按钮，如图 6-11 所示。

　　步骤 04 查看排序和筛选的效果。在数据编辑区可以看到排序和筛选的效果，如图 6-12 所示。

图 6-11　　　　　　　　　　　　　　　　　图 6-12

> **提示**
>
> 　　"筛选行"对话框默认处于基本模式，最多只能设置两个筛选条件。如果需要设置更多条件，可单击"高级"单选按钮来切换至高级模式。

6.2　列的基本操作

　　与行的操作相比，列的操作会更加丰富和多样，主要有移动、选择和删除、合并和拆分、提取和运算、添加等。

6.2.1　移动列

　　为便于查看数据或满足数据分析工作的特定需求，可以通过移动列来改变列在数据编辑区中的排列顺序。

◎ 原始文件：实例文件 \ 第6章 \ 6.2 \ 6.2.1 \ 移动列1.pbix

◎ 最终文件：实例文件 \ 第6章 \ 6.2 \ 6.2.1 \ 移动列2.pbix

步骤 01 通过拖动列标题来移动列。打开原始文件，进入 Power Query 编辑器。❶用鼠标选中某一列的列标题并将其拖动至目标位置（以一根黑色的粗竖线指示），如图 6-13 所示，❷释放鼠标，完成列的移动，效果如图 6-14 所示。

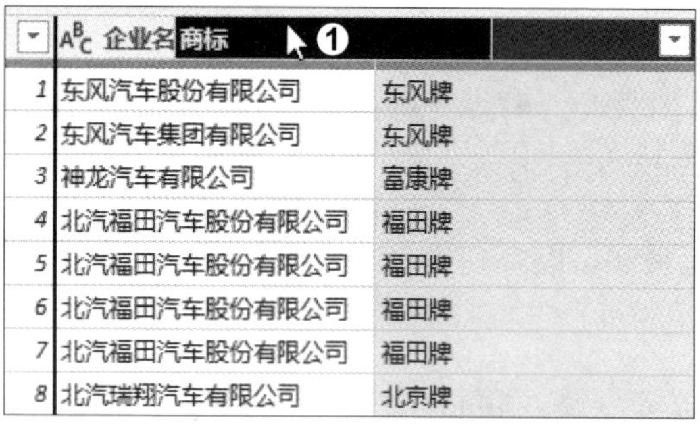

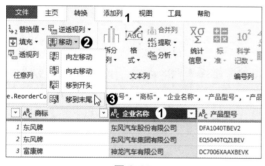

图 6-13

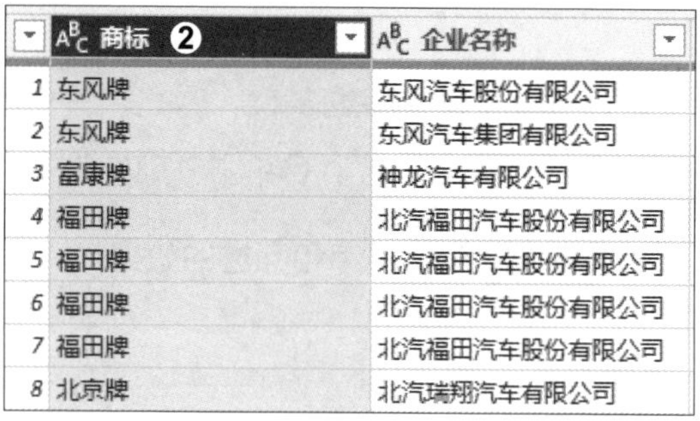

图 6-14

步骤 02 通过功能菜单来移动列。❶选中要移动的列，如“企业名称”，❷在“转换”选项卡下的“任意列”组中单击“移动”按钮的下拉箭头，❸在展开的列表中选择移动方向，如“移到末尾”，如图 6-15 所示。❹随后所选列变为最后一列，效果如图 6-16 所示。

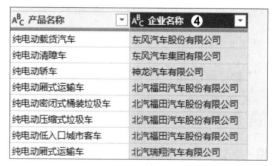

图 6-15

图 6-16

6.2.2 选择和删除列

当查询表中的列比较多时，可通过“选择列”功能快速定位要查看的列或只显示有用的列，也可通过“删除列”功能删除无用的列。

◎ 原始文件：实例文件 \ 第6章 \ 6.2 \ 6.2.2 \ 选择和删除列1.pbix

◎ 最终文件：实例文件 \ 第6章 \ 6.2 \ 6.2.2 \ 选择和删除列2.pbix

步骤 01 转到指定列。打开原始文件，进入 Power Query 编辑器。❶在"主页"选项卡下的"管理列"组中单击"选择列"按钮的下拉箭头，❷在展开的列表中单击"转到列"选项，如图 6-17 所示。弹出"转到列"对话框，❸双击要转到的列，如图 6-18 所示，即可快速定位到该列。

图 6-17   图 6-18

步骤 02 只显示指定列。❶在"主页"选项卡下的"管理列"组中单击"选择列"按钮的下拉箭头，❷在展开的列表中单击"选择列"选项，如图 6-19 所示。弹出"选择列"对话框，❸取消勾选不需要显示的列，如图 6-20 所示。设置完毕后单击"确定"按钮，随后数据编辑区中将只显示被勾选的列。

图 6-19   图 6-20

步骤 03 删除指定列。❶选中要删除的列，❷在"主页"选项卡下的"管理列"组中单击"删除列"按钮的下拉箭头，❸在展开的列表中单击"删除列"选项，如图 6-21 所示。随后数据编辑区中将看不到所选列，如图 6-22 所示。如果选择"删除其他列"选项，则会删除选中列之外的其他列，只保留选中列。

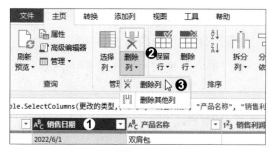

图 6-21

	单号	产品名称	销售利润（元）
1	20220612301	双肩包	3120
2	20220612302	行李包	2970
3	20220612303	钱包	4950
4	20220612304	双肩包	1196
5	20220612305	手提包	2938
6	20220612306	行李包	5610
7	20220612307	钱包	7722
8	20220612308	钱包	9900
9	20220612309	双肩包	1300
10	20220612310	钱包	3564
11	20220612311	单肩包	4410

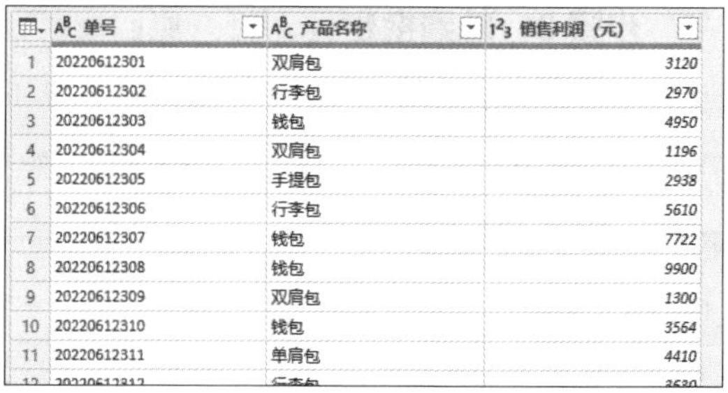

图 6-22

6.2.3 合并和拆分列

合并列是指将两列或更多列的数据拼接在一起，组成一个新的列。拆分列是指按照特定的规则将一列拆分为多列。

◎ 原始文件：实例文件 \ 第6章 \ 6.2 \ 6.2.3 \ 合并和拆分列1.pbix

◎ 最终文件：实例文件 \ 第6章 \ 6.2 \ 6.2.3 \ 合并和拆分列2.pbix

步骤 01 调用“合并列”功能。打开原始文件，进入 Power Query 编辑器。❶利用〈Ctrl〉键依次选中要合并的多个列，如“销售数量”和“单位”，需要注意的是，选择列的顺序将决定合并值的顺序，❷在“转换”选项卡下的“文本列”组中单击“合并列”按钮，如图 6-23 所示。

步骤 02 设置分隔符和新列名。弹出“合并列”对话框，❶设置好分隔符和新列名，❷单击“确定”按钮，如图 6-24 所示。

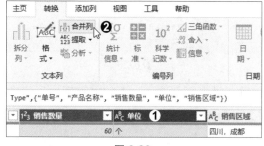

图 6-23

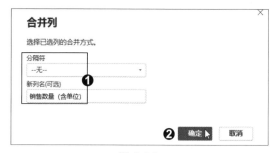

图 6-24

提示

“合并列”对话框的“分隔符”下拉列表框中预置了冒号、逗号、等号、分号、空格、制表符等半角符号。如果预置的分隔符不能满足需求，可以选择自定义分隔符。

步骤 03　查看合并列的效果。在数据编辑区可以看到选中的"销售数量"列和"单位"列已经消失，列中的数据被合并至新的"销售数量（含单位）"列，如图 6-25 所示。如果需要在合并列后保留原有列，则要使用"添加列"选项卡下"从文本"组中的"合并列"按钮。

步骤 04　调用"拆分列"功能。"销售区域"列中的省份和城市之间以全角逗号分隔，现在需要将该列拆分成两列，分别存放省份和城市。❶选中"销售区域"列，❷在"转换"选项卡下的"文本列"组中单击"拆分列"按钮的下拉箭头，❸在展开的列表中单击"按分隔符"选项，如图 6-26 所示。

图 6-25

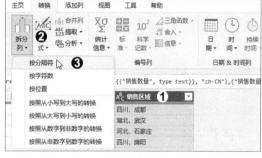

图 6-26

步骤 05　设置拆分列的选项。弹出"按分隔符拆分列"对话框，❶先设置分隔符和拆分位置，❷然后设置拆分的列数，❸设置完毕后单击"确定"按钮，如图 6-27 所示。

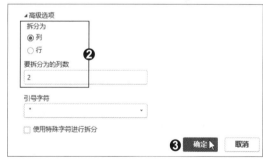

图 6-27

> **提示**
>
> 在"拆分位置"选项组中，"最左侧的分隔符"单选按钮表示只拆分从左往右数的第 1 个分隔符，"最右侧的分隔符"单选按钮表示只拆分从右往左数的第 1 个分隔符，"每次出现分隔符时"单选按钮表示拆分所有分隔符。

> 在"高级选项"选项组中可以选择将数据拆分为行还是列，如果选择拆分为列，还必须指定拆分成几列。如果指定的列数量大于实际可拆分成的列数量，则程序会自动用 null 值补齐不足的列值。

步骤 06 查看拆分列的效果。❶在数据编辑区可以看到原先的"销售区域"列被拆分为"销售区域 .1"列和"销售区域 .2"列，❷更改两个新列的列标题，如图 6-28 所示。

$^{ABC}_{C}$ 销售数量（含单位）	$^{ABC}_{C}$ 销售区域.1 ❶	$^{ABC}_{C}$ 销售区域.2	$^{ABC}_{C}$ 销售数量（含单位）	$^{ABC}_{C}$ 销售省份 ❷	$^{ABC}_{C}$ 销售城市
60个	四川	成都	60个	四川	成都
45个	湖北	武汉	45个	湖北	武汉
50个	河北	石家庄	50个	河北	石家庄
23个	四川	绵阳	23个	四川	绵阳
26个	广东	佛山	26个	广东	佛山
85个	广东	东莞	85个	广东	东莞

图 6-28

> ⚡ 提示
>
> 限于篇幅，本节只讲解了"拆分列"按钮的"按分隔符"选项，其他选项的介绍见微软官方文档（https://learn.microsoft.com/zh-cn/power-query/split-columns-number-characters），利用页面左侧的目录树可切换查看不同选项的介绍。

6.2.4 列数据的提取和运算

Power Query 编辑器提供的列数据提取和运算功能针对的是文本、数字、日期和时间这 3 种类型的数据，相关按钮主要集中在功能区的两个部分：第 1 个部分是"转换"选项卡下的"文本列"组、"编号列"组、"日期 & 时间列"组，如图 6-29 所示；第 2 个部分是"添加列"选项卡下的"从文本"组、"从数字"组、"从日期和时间"组，如图 6-30 所示。这两个部分包含的功能选项大多数是相似的，主要的区别在于前者是将处理结果写入原有列，而后者是保留原有列并将处理结果写入新的列。本节将结合具体的应用场景选择部分功能进行介绍，读者可通过举一反三自行学习和掌握其余功能。

图 6-29

图 6-30

◎ 原始文件：实例文件 \ 第6章 \ 6.2 \ 6.2.4 \ 列数据的提取和运算1.pbix
◎ 最终文件：实例文件 \ 第6章 \ 6.2 \ 6.2.4 \ 列数据的提取和运算2.pbix

1．利用 AI 工具获取工作思路

在动手操作之前，可利用第3章介绍的 AI 工具针对数据处理的思路提出一些参考建议。

步骤 01 查看原始数据。打开原始文件，进入 Power Query 编辑器，查看待处理的原始数据，如图 6-31 所示。

	A^B_C 员工编号 ▼	A^B_C 姓名 ▼	A^B_C 性别 ▼	A^B_C 学历 ▼	▦ 入职时间 ▼	A^B_C 部门 ▼	A^B_C 联系电话 ▼	A^B_C 身份证号 ▼
1	AC001	赵**	男	本科	2017/1/8	技术部	136****5623	5130211991022489**
2	AC002	王**	女	专科	2013/11/25	财务部	187****8989	5130211988032612**
3	AC003	何**	男	本科	2018/5/5	行政部	156****5452	5130211987112556**
4	AC004	张**	男	本科	2021/1/7	人力资源部	125****6365	5130211993120123**
5	AC005	李**	女	专科	2014/2/25	财务部	152****4562	5130211985080556**
6	AC006	良**	男	本科	2011/5/6	销售部	136****2565	5130211984081452**
7	AC007	华**	女	专科	2015/5/7	销售部	158****5687	5130211988112354**
8	AC008	习**	男	专科	2018/4/8	技术部	176****5625	5130211978071557**

图 6-31

步骤 02 向 AI 工具寻求建议。打开 AI 工具，在提示词中描述数据的基本情况和我们的需求。演示对话如下：

💬 我需要你扮演一名资深的人力资源管理专家。我是一家中国企业的人力资源部职员，将所有员工的信息整理成了一个数据集，其中的字段有"员工编号""姓名""性别""学历""入职时间""部门""联系电话""身份证号"。我想基于这些字段通过提取和运算等手段创建一些有意义的衍生字段，以便更好地完成人力资源管理工作。请你从专业角度出发提供一些建议，谢谢。

🅰️ 作为资深的人力资源管理专家，我建议您从以下几个方面创建一些有意义的衍生字段：

（1）在职年限：基于"入职时间"字段，可以计算员工当前在职的时间长度，有助于分析员工忠诚度、识别潜在的高级技术人才或管理人才等。

（2）出生日期：通过"身份证号"字段可以获取员工的出生日期，用于设置员工生日提醒，以便在员工生日时发送祝福或组织庆祝活动，增强员工的归属感。

（3）员工年龄：通过"出生日期"字段可以计算出员工的当前年龄，有助于分析员工的年龄结构、制定招聘策略或规划员工培训计划等。

（4）入职年龄：通过"入职时间"字段和"出生日期"字段可以计算出员工入职时的年龄，有助于了解员工招聘的年龄趋势和偏好、估计员工入职时所处的职业生涯阶段等。

…………

以上这些衍生字段将大大增强您对人力资源数据的洞察力，从而更好地支持您的管理工作决策。

2．从身份证号中提取出生日期

AI 工具提供了多条创建衍生字段的建议，这里以创建"入职年龄"字段为例继续讲解。入职时间和出生日期是计算入职年龄的基础。现在已经有了入职时间，而出生日期可以从身份证号中提取。

步骤 01 选择提取方式。返回 Power Query 编辑器，❶选中"身份证号"列，❷在"添加列"选项卡下的"从文本"组中单击"提取"按钮的下拉箭头，❸在展开的列表中单击"范围"选项，如图 6-32 所示。

步骤 02 设置范围选项。弹出"提取文本范围"对话框，身份证号中的出生日期是从第 6 位字符后开始，共 8 个字符，❶在"起始索引"和"字符数"文本框中分别输入"6"和"8"，❷单击"确定"按钮，如图 6-33 所示。

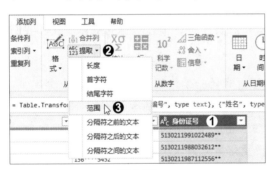

图 6-32

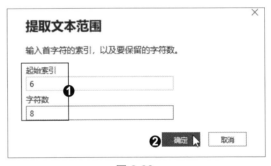

图 6-33

步骤 03 修改列标题和数据类型。❶随后可在新增的"文本范围"列中看到提取的出生日期文本，❷将该列的列标题修改为"出生日期"，数据类型修改为日期，如图 6-34 所示。

$^{AB}_C$ 身份证号	$^{AB}_C$ 文本范围 ❶
5130211991022489**	19910224
5130211988032612**	19880326
5130211987112556**	19871125

$^{AB}_C$ 身份证号	📊 出生日期 ❷
5130211991022489**	1991/2/24
5130211988032612**	1988/3/26
5130211987112556**	1987/11/25

图 6-34

3．计算入职年龄

入职年龄的计算过程为：先用入职时间减去出生日期，得到两个日期之间相差的天数；

然后将天数转换为年数；最后对年数进行向下取整。

步骤 01　计算两个日期之间相差的天数。 为方便操作，将"入职时间"列移至"出生日期"列左侧，❶依次选中这两列，❷在"添加列"选项卡下的"从日期和时间"组中单击"日期"按钮的下拉箭头，❸在展开的列表中单击"减去天数"选项，如图 6-35 所示。

步骤 02　修改列标题和数据类型。 ❶随后可在新增的"减法"列中看到计算出的天数，❷将该列的列标题修改为"入职年龄"，数据类型修改为持续时间，如图 6-36 所示。

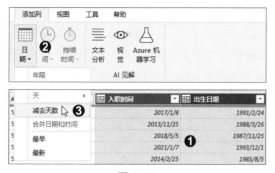

图 6-35

图 6-36

> **提 示**
>
> 　　一个持续时间值由两个部分组成，小数点之前的整数代表天数，小数点之后的"××:××:××"代表"时:分:秒"。

步骤 03　将天数转换为年数。 保持选中"入职年龄"列，❶在"转换"选项卡下的"日期 & 时间列"组中单击"持续时间"按钮的下拉箭头，❷在展开的列表中单击"总年数"选项，如图 6-37 所示。

图 6-37

步骤 04　对年数进行向下取整。 ❶随后可在"入职年龄"列中看到计算出的年数，❷在"转换"选项卡下的"编号列"组中单击"舍入"按钮的下拉箭头，❸在展开的列表中单击"向下舍入"选项，如图 6-38 所示。❹在数据编辑区可看到向下舍入的结果，入职年龄就计算完毕了，如图 6-39 所示。

图 6-38

图 6-39

6.2.5 添加列

"添加列"选项卡除了提供通过列数据的提取和运算添加列的方式，还提供其他一些非常实用的添加列的方式，如添加索引列、添加重复列、通过提供示例添加列、添加条件列、添加自定义列等，让用户可以更加灵活地丰富查询表的数据。

◎ 原始文件：实例文件 \ 第6章 \ 6.2 \ 6.2.5 \ 添加列1.pbix
◎ 最终文件：实例文件 \ 第6章 \ 6.2 \ 6.2.5 \ 添加列2.pbix

1. 添加索引列

添加索引列是指添加一个整数序列，作为每一行区别于其他行的标志。索引列的起始值可以为 0 或 1，用户也可以自定义起始值和间隔值。

步骤 01 调用"索引列"功能。打开原始文件，进入 Power Query 编辑器。❶切换至"表 1"，❷可以看到有两个姓名是"何晨曦"的员工，但从性别可以看出他们是不同的人，如图 6-40 所示。为了更好地区分不同的员工，可以为该表添加索引列。❸在"添加列"选项卡下的"常规"组中单击"索引列"按钮的下拉箭头，❹在展开的列表中单击"从 1"选项，如图 6-41 所示。如果单击"从 0"选项，则创建起始值为 0、间隔值为 1 的等差数列。如果单击"自定义"选项，则可在弹出的"添加索引列"对话框中输入起始值和间隔值，创建自定义的等差数列。

图 6-40

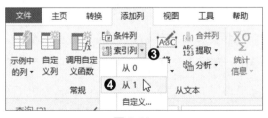

图 6-41

步骤 02　查看添加索引列的效果。随后可在数据编辑区看到创建的"索引"列，其内容是从 1 开始的自然数序列，如图 6-42 所示。为了让表格更规范，可以将"索引"列移至开头，效果如图 6-43 所示。

图 6-42　　　　　　　　　　　　　　　　图 6-43

2．添加重复列

添加重复列是指创建指定列的副本，这样就可以对副本列的数据进行处理而不破坏原有列的数据。

步骤 01　调用"重复列"功能。继续在"表 1"中操作。❶选中"入职时间"列，❷在"添加列"选项卡下的"常规"组中单击"重复列"按钮，如图 6-44 所示。

步骤 02　查看添加重复列的效果。随后可在数据编辑区看到新增的"入职时间 - 复制"列，其内容与"入职时间"列完全相同，如图 6-45 所示。

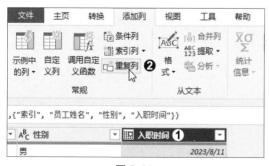

图 6-44　　　　　　　　　　　　　　　　图 6-45

3．通过提供示例添加列

通过提供示例添加列是指先由用户提供一个或多个示例值，Power Query 编辑器将根据示例值体现的转换模式完成其余值的转换并创建新列。如果我们知道新列中需要什么样的数据，但又不知道应该在界面中选择哪些功能来达到目的，这个功能就有很大用处。

步骤 01 查看原始数据。❶切换至"表 2"，❷可以看到"非标生产日期"列中是一些非标准格式的日期数据，如图 6-46 所示。例如，"MFD 010324"表示生产日期为 2024 年 1 月 3 日。为方便进行后续工作，需要将该列数据转换成标准格式的日期。

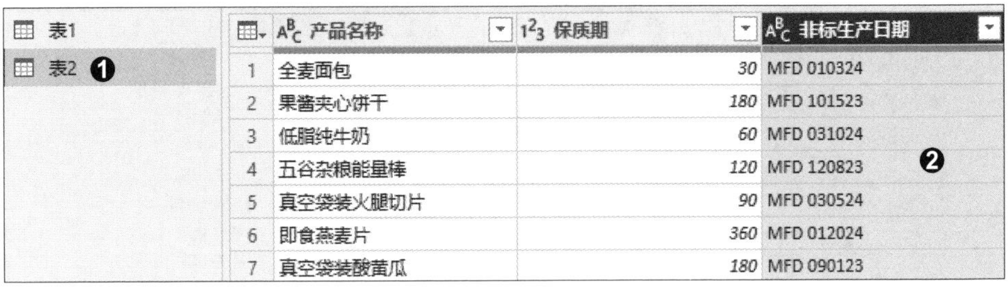

表1		ABC 产品名称	▼	1²3 保质期	▼	ABC 非标生产日期	▼
表2 ❶	1	全麦面包			30	MFD 010324	
	2	果酱夹心饼干			180	MFD 101523	
	3	低脂纯牛奶			60	MFD 031024	
	4	五谷杂粮能量棒			120	MFD 120823	❷
	5	真空袋装火腿切片			90	MFD 030524	
	6	即食燕麦片			360	MFD 012024	
	7	真空袋装酸黄瓜			180	MFD 090123	

图 6-46

步骤 02 调用"示例中的列"功能。❶选中"非标生产日期"列，❷在"添加列"选项卡下的"常规"组中单击"示例中的列"按钮的下拉箭头，❸在展开的列表中单击"从所选内容"选项，如图 6-47 所示。

步骤 03 输入列标题和示例值。在数据编辑区的右侧会出现一个空白的示例列，供用户输入示例值。❶将示例列的列标题修改为"生产日期"，❷双击第 1 个空白单元格并输入与"非标生产日期"列的第 1 个单元格对应的示例值"2024/01/03"，按〈Enter〉键确认，如图 6-48 所示。由于提供的示例值过少，Power Query 编辑器无法推断出转换模式，暂时不能完成其余值的转换。

图 6-47

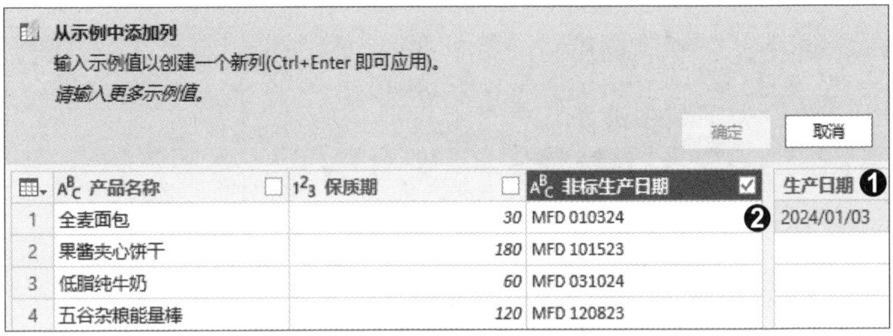

图 6-48

步骤 04 输入更多示例值。❶继续在示例列的第 2 个空白单元格中输入与"非标生产日期"列的第 2 个单元格对应的示例值"2023/10/15"，❷ Power Query 编辑器就会基于两个示例值推断出转换模式并在剩余单元格中自动填充转换后的值，经核对后确认是我们所期望的效果，❸单击上方的"确定"按钮，如图 6-49 所示。如果输入第 2 个示例值后仍不能完成自动转换，可以尝试输入更多示例值。

图 6-49

步骤 05 查看新增列并设置数据类型。❶在数据编辑区可看到新增的"生产日期"列，❷将该列的数据类型更改为日期，如图 6-50 所示。

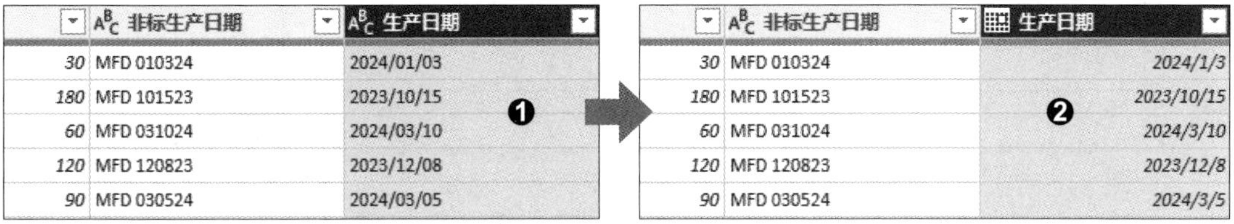

图 6-50

4．添加条件列

添加条件列是指基于已有列的数据并结合特定的一个或多个条件计算生成新的列，其工作方式类似 Excel 中的 IF 函数。

假设为了减少浪费，实现临期食品的优化利用，需要在"表 2"中为食品设置临近保质期，规则如下：①保质期在 360 天及以上的，临近保质期为 45 天；②保质期在 180 天及以上不足 360 天的，临近保质期为 30 天；③保质期在 90 天及以上不足 180 天的，临近保质期为 20 天；④保质期在 30 天及以上不足 90 天的，临近保质期为 10 天；⑤保质期在 30 天以内的，临近保质期为 3 天。

步骤 01 调用"条件列"功能。在"添加列"选项卡下的"常规"组中单击"条件列"按钮，如图 6-51 所示。

图 6-51

步骤 02 设置条件。弹出"添加条件列"对话框，❶在"新列名"文本框中输入条件列的列标题，如"临近保质期"，❷在下方根据之前设定的规则设置好 If、Else If、ELSE 等条件的列名、运算符、值、输出，使用"添加子句"按钮添加新的条件，使用条件右侧的 ⋯ 按钮删除条件或调整条件的顺序，❸设置完毕后单击"确定"按钮，如图 6-52 所示。

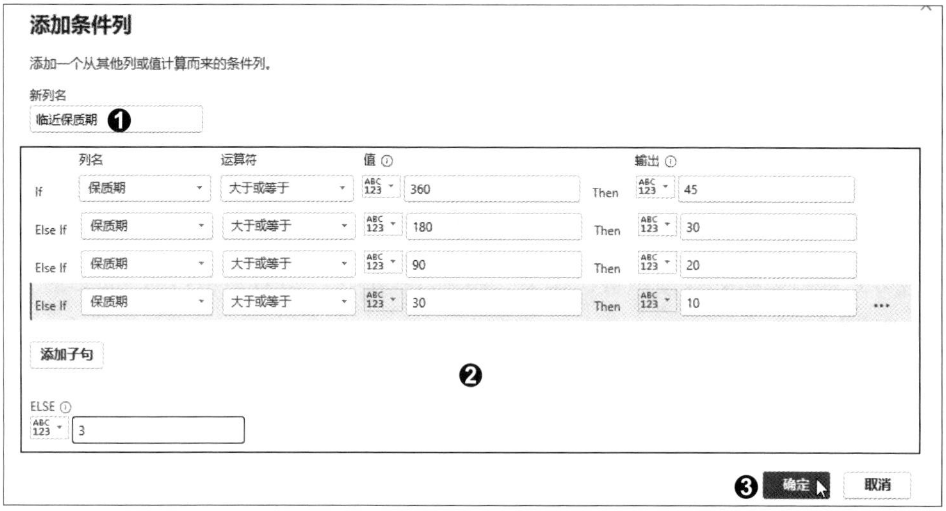

图 6-52

步骤 03 查看新增条件列的效果。在数据编辑区可看到新增的"临近保质期"列，将该列的数据类型更改为整数，并适当调整列的顺序，效果如图 6-53 所示。

	ABC 产品名称	123 保质期	123 临近保质期	ABC 非标生产日期	生产日期
1	全麦面包	30	10	MFD 010324	2024/1/3
2	果酱夹心饼干	180	30	MFD 101523	2023/10/15
3	低脂纯牛奶	60	10	MFD 031024	2024/3/10
4	五谷杂粮能量棒	120	20	MFD 120823	2023/12/8
5	真空袋装火腿切片	90	20	MFD 030524	2024/3/5
6	即食燕麦片	360	45	MFD 012024	2024/1/20
7	真空袋装酸黄瓜	180	30	MFD 090123	2023/9/1
8	原味薯片	120	20	MFD 031824	2024/3/18

图 6-53

5．添加自定义列

如果需要更灵活地创建新列，可以使用 M 语言添加自定义列。第 7 章将详细介绍 M 语言的知识，这里先通过案例简单了解添加自定义列的方法。

假设需要在"表 2"中添加食品的到期日期，其计算方法是用生产日期加上保质期。

步骤 01 调用"自定义列"功能。在"添加列"选项卡下的"常规"组中单击"自定义列"按钮，如图 6-54 所示。

图 6-54

步骤 02 输入公式。弹出"自定义列"对话框，❶在"新列名"文本框中输入自定义列的列标题，如"到期日期"，❷在"自定义列公式"文本框中输入 M 语言公式，如"= [生产日期] + [保质期]"，❸输入完毕后单击"确定"按钮，如图 6-55 所示。

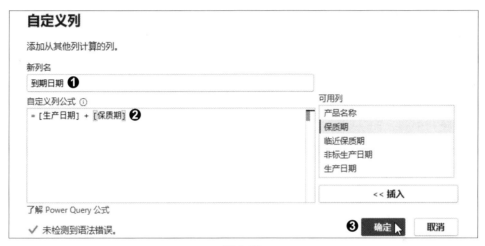

图 6-55

💡 提示

　　M 语言公式中引用的列名可利用右侧的"可用列"列表框快速输入。双击该列表框中的某个列，即可在"自定义列公式"文本框中的插入点处插入对应的列名。

　　"自定义列"对话框左下角是语法错误指示器。如果一切正常，会显示一个绿色钩形图标；如果公式中存在语法错误，则会显示一个黄色警告图标及相应的报错信息。

步骤 03 查看报错信息。随后在数据编辑区可看到新增的"到期日期"列，但列中全为错误值。❶单击某个单元格，❷在数据编辑区下方会显示具体的报错信息，如图 6-56 所示。

图 6-56

步骤 04 利用 AI 工具分析报错信息。打开 AI 工具，在提示词中描述报错信息，并要求 AI 工具给出解决方案。演示对话如下：

👤 我在 Power Query 编辑器中创建自定义列时输入了如下 M 语言公式，其中"生产日期"列的数据类型是日期，"保质期"列的数据类型是整数，单位是"天"：

"""= [生产日期] + [保质期]"""

收到如下的报错信息：

"""Expression.Error：无法将运算符 + 应用于类型 Date 和 Number。"""

应该怎么解决呢？

🅰️ 报错信息表明您试图将日期类型和数字类型直接相加，这在 Power Query 编辑器中是不被允许的。您可以使用以下方式解决此问题：

（1）在创建自定义列之前，将"保质期"列的数据类型从整数更改为持续时间，这种数据类型可以直接和日期类型相加，这意味着您不需要修改公式即可成功创建自定义列。

（2）使用 Date.AddDays 函数，它能将整数添加到日期上，并返回新的日期值。以下是修正后的公式：

= Date.AddDays([生产日期], [保质期])

步骤 05 修改公式。AI 工具提供了两种解决方案，这里选择第 2 种方案。返回 Power Query 编辑器，在"查询设置"窗格中双击与添加自定义列对应的步骤"已添加自定义"，如图 6-57 所示。重新打开"自定义列"对话框，按照 AI 工具的建议修改公式，如图 6-58 所示。修改完毕后单击"确定"按钮。

图 6-57

图 6-58

步骤 06 查看添加自定义列的效果。随后在数据编辑区可以看到"到期日期"列中的数据已变为正确的日期值，将该列的数据类型更改为日期，完成自定义列的添加，效果如图 6-59 所示。

图 6-59

> **提示**
>
> 在添加自定义列的过程中，AI 工具除了能帮我们分析报错信息，还能帮我们编写公式。第 7 章将会介绍相关的知识。

6.3　数据结构重塑的常用操作

学习完行和列的基本操作，本节将开始学习数据结构重塑的常用操作，包括追加和合并表数据、分类汇总、转置行列、长表和宽表的相互转换等。

6.3.1　追加表数据

追加表数据是指将一个或多个表的内容添加到另一个表来创建一个新表，并汇总各个表的列标题来创建新表的结构。需要注意的是，所有表的所有列都会出现在新表中，如果各个表的列标题不完全相同，则新表中会用 null 值表示缺失值。如图 6-60 所示，参与追加的第 1 个表缺少第 2 个表中的"入职时间"列，第 2 个表缺少第 1 个表中的"年龄"列，则最终生成的新表中的"年龄"列和"入职时间"列包含 null 值。

图 6-60

◎ 原始文件：实例文件＼第6章＼6.3＼6.3.1＼追加表数据1.pbix
◎ 最终文件：实例文件＼第6章＼6.3＼6.3.1＼追加表数据2.pbix

步骤 01 调用"追加查询"功能。打开原始文件,进入 Power Query 编辑器,可以看到 6 个结构完全相同的查询表,现在需要将它们合并成一个表。❶在"主页"选项卡下的"组合"组中单击"追加查询"按钮的下拉箭头,❷在展开的列表中单击"将查询追加为新查询"选项,如图 6-61 所示。

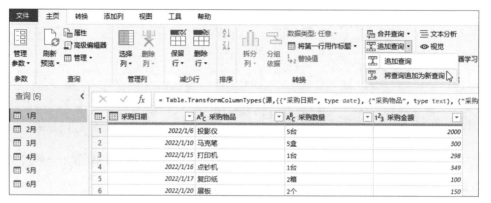

图 6-61

⚡ 提示

"追加查询"选项用于在当前表中直接追加其他表的数据,"将查询追加为新查询"选项用于创建一个新表来放置合并后的数据。

步骤 02 设置要追加的表。弹出"追加"对话框,❶单击"三个或更多表"单选按钮,❷在"可用表"列表框中选中要追加的 6 个表,❸单击"添加"按钮,❹所选表会出现在"要追加的表"列表框中,❺设置完毕后单击"确定"按钮,如图 6-62 所示。

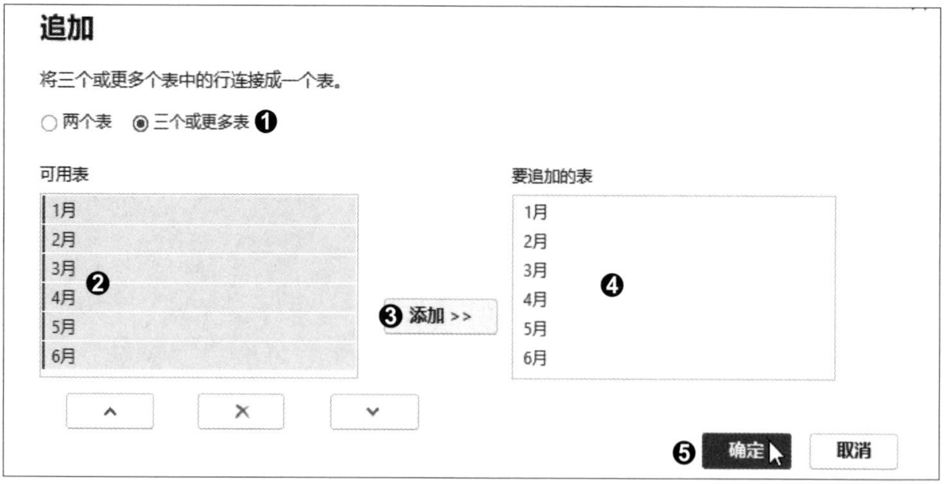

图 6-62

提示

　　"追加"对话框下方的 ∧ 按钮和 ∨ 按钮用于调整"要追加的表"列表框中各表的顺序，✕ 按钮用于将表从"要追加的表"列表框中删除。

　　步骤 03 查看追加表的效果。❶在"查询"窗格中可以看到新增的"追加 1"表，❷该表包含原先 6 个表的所有数据，如图 6-63 所示。

查询 [7]		= Table.Combine({#"1月", #"2月", #"3月", #"4月", #"5月", #"6月"})			
		采购日期	采购物品	采购数量	采购金额
1月	51	2022/5/15 培训椅	5个		345
2月	52	2022/5/18 文件柜	2个		150
3月	53	2022/5/21 广告牌	4个		269
4月	54	2022/5/24 办公沙发	2个		560
5月	55	2022/5/27 包装盒	50个		120
6月	56	2022/5/30 交换机	2台		50
追加1	57	2022/6/1 文件柜	2个		150

图 6-63

6.3.2　合并表数据

　　合并表数据是指根据一个或多个列的匹配值将两个表连接在一起。用户可以根据所需的输出结果选择不同的连接方式。

◎ 原始文件：实例文件＼第6章＼6.3＼6.3.2＼合并表数据1.pbix
◎ 最终文件：实例文件＼第6章＼6.3＼6.3.2＼合并表数据1.pbix

　　步骤 01 查看原始数据。打开原始文件，进入 Power Query 编辑器，查看"产品销售表"和"产品信息表"中的数据，分别如图 6-64 和图 6-65 所示。现在需要根据产品名称将"产品信息表"中对应的产品分类和销售单价数据添加到"产品销售表"。

图 6-64　　　　　　　　　　　　　　　　图 6-65

步骤 02 调用"合并查询"功能。❶切换至"产品销售表"，❷在"主页"选项卡下的"组合"组中单击"合并查询"按钮的下拉箭头，❸在展开的列表中单击"合并查询"选项，如图6-66所示。

图 6-66

> ⚡ **提示**
>
> "合并查询"选项用于在当前表中直接合并来自其他表的数据，"将查询合并为新查询"选项用于创建一个新表来放置合并后的数据。

步骤 03 设置合并表的选项。弹出"合并"对话框，❶在"产品销售表"中选中作为匹配依据的列，这里为"产品名称"列，❷在下拉列表框中选择参与合并的另一个表，这里为"产品信息表"，❸在"产品信息表"中选中作为匹配依据的"产品名称"列，❹在"连接种类"下拉列表框中选择连接方式，这里选择"左外部"，❺设置完毕后单击"确定"按钮，如图6-67所示。

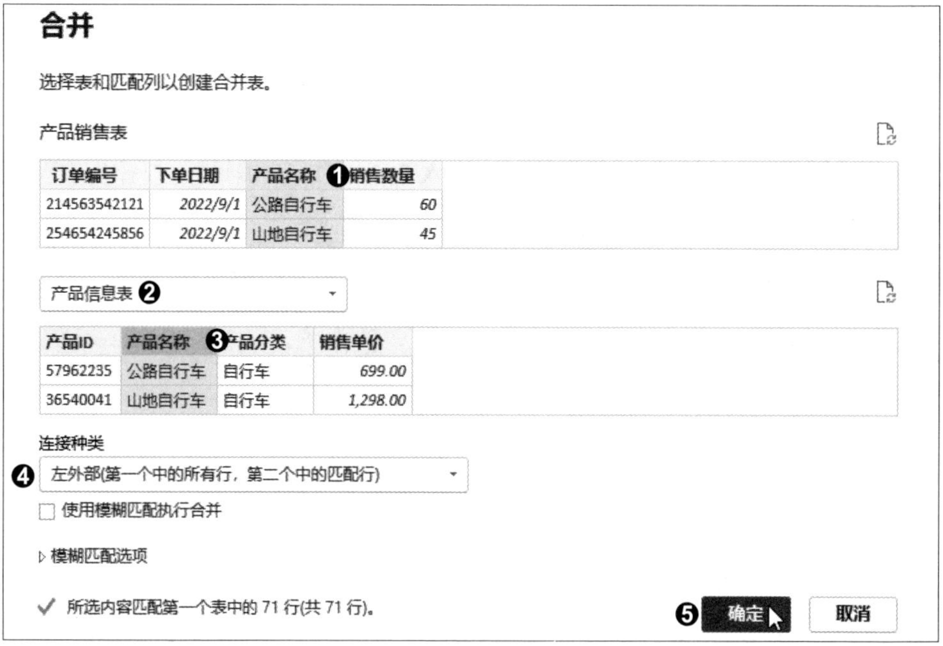

合并

选择表和匹配列以创建合并表。

产品销售表

订单编号	下单日期	产品名称 ❶	销售数量
214563542121	2022/9/1	公路自行车	60
254654245856	2022/9/1	山地自行车	45

产品信息表 ❷

产品ID	产品名称 ❸	产品分类	销售单价
57962235	公路自行车	自行车	699.00
36540041	山地自行车	自行车	1,298.00

连接种类

❹ 左外部(第一个中的所有行，第二个中的匹配行)

☐ 使用模糊匹配执行合并

▷ 模糊匹配选项

✓ 所选内容匹配第一个表中的 71 行(共 71 行)。   ❺ **确定**   取消

图 6-67

⚡ 提示

匹配列可以有多个，在"合并"对话框中可以借助〈Ctrl〉键选中多列，选中列的顺序会以小数字显示在列标题旁边。匹配列不要求有相同的列标题，但必须有相同的数据类型，否则合并操作可能不会产生正确的结果。

"连接种类"下拉列表框提供 6 种连接方式的选项，包括左外部、右外部、完全外部、内部、左反、右反，每个选项都带有简单说明此连接方式工作逻辑的文字。

步骤 04 选择扩展列。随后在数据编辑区可看到新增的"产品信息表"列，❶单击该列的列标题右侧的 ⬌ 图标，❷在展开的列表中勾选需要展开的列，这里为"产品分类"和"销售单价"，❸因为列标题不存在冲突，所以取消勾选"使用原始列名作为前缀"复选框，❹单击"确定"按钮，如图 6-68 所示。

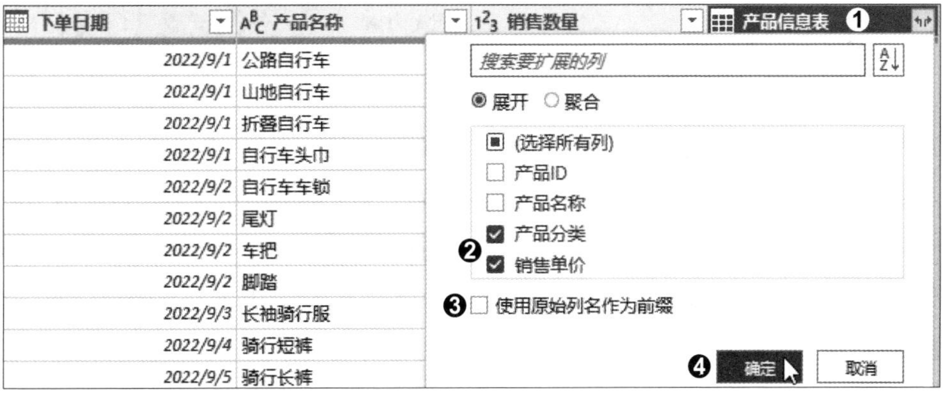

下单日期	产品名称	销售数量	产品信息表 ❶
2022/9/1	公路自行车		搜索要扩展的列
2022/9/1	山地自行车		◉ 展开 ○ 聚合
2022/9/1	折叠自行车		▣ (选择所有列)
2022/9/1	自行车头巾		☐ 产品ID
2022/9/2	自行车车锁		☐ 产品名称
2022/9/2	尾灯		☑ 产品分类 ❷
2022/9/2	车把		☑ 销售单价
2022/9/2	脚踏		❸ ☐ 使用原始列名作为前缀
2022/9/3	长袖骑行服		
2022/9/4	骑行短裤		❹ 确定　取消
2022/9/5	骑行长裤		

图 6-68

步骤 05 查看合并表的效果。随后可在"产品销售表"中看到新增的"产品分类"列和"销售单价"列，这两列中的数据均来自"产品信息表"，如图 6-69 所示。

产品名称	销售数量	产品分类	销售单价
公路自行车	60	自行车	699.00
山地自行车	45	自行车	1,298.00
折叠自行车	50	自行车	288.00
自行车头巾	23	骑行装备	12.80
自行车头巾	58	骑行装备	12.80
自行车车锁	26	配件	18.80
尾灯	85	配件	39.00
车把	78	配件	29.00
脚踏	100	配件	59.00
长袖骑行服	25	骑行装备	148.00

图 6-69

6.3.3 分类汇总

Power Query 编辑器中的"分组依据"功能用于对查询表的数据进行分类汇总。本节将以"产品名称"为分组依据，对"销售数量"和"销售金额"进行求和。

◎ 原始文件：实例文件\第6章\6.3\6.3.3\分类汇总1.pbix
◎ 最终文件：实例文件\第6章\6.3\6.3.3\分类汇总2.pbix

步骤 01 调用"分组依据"功能。打开原始文件，进入 Power Query 编辑器，❶选中作为分组依据的列，这里为"产品名称"，❷在"转换"选项卡下的"表格"组中单击"分组依据"按钮，如图 6-70 所示。

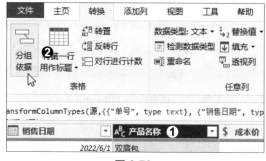

图 6-70

步骤 02 设置分类汇总的选项。弹出"分组依据"对话框，❶单击"高级"单选按钮，切换至高级模式，❷"分组依据"已被自动设置为"产品名称"列，❸单击"添加聚合"按钮，添加一个聚合列，❹在"新列名"中设置聚合列的列标题，❺在"操作"中设置聚合列的汇总运算方式，这里均为"求和"，❻在"柱"中设置聚合列的数据来源，❼设置完毕后单击"确定"按钮，如图 6-71 所示。

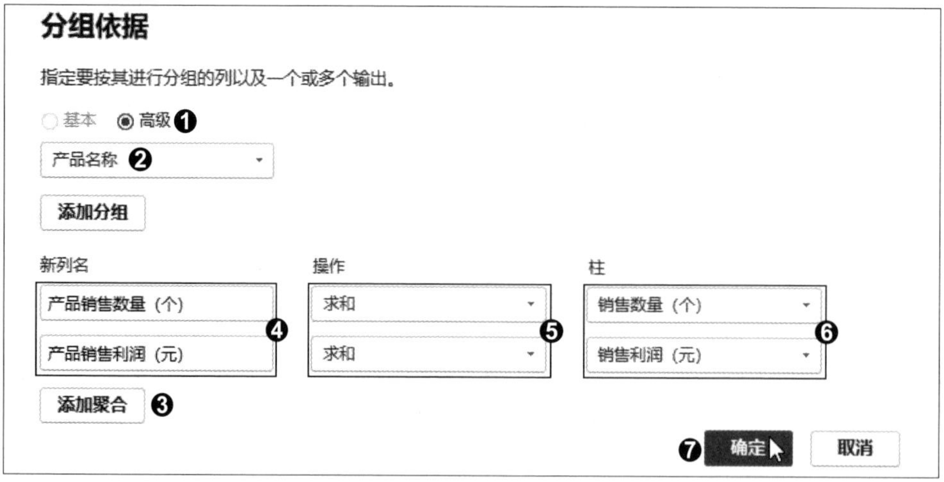

分组依据

指定要按其进行分组的列以及一个或多个输出。

○ 基本　◉ 高级❶

产品名称❷ ▼

添加分组

新列名	操作	柱
产品销售数量 (个)❹	求和❺	销售数量 (个)❻
产品销售利润 (元)	求和	销售利润 (元)

添加聚合❸

❼ 确定　取消

图 6-71

提 示

　　作为分组依据的列可以有多个。如果需要在"分组依据"对话框中添加分组列，可单击"添加分组"按钮。如果要对分组列或聚合列进行删除或顺序调整，可将鼠标指针放在分组列或聚合列的字段框后，单击浮现的…按钮，在展开的列表中单击"删除""上移""下移"等命令。

　　在"操作"中可选择的汇总运算方式有求和、平均值、中值、最小值、最大值、对行进行计数、非重复行计数、所有行。

　　步骤 03　查看分类汇总的结果。随后可在数据编辑区看到根据产品名称对销售数量和销售利润进行分组求和后的效果，如图 6-72 所示。

	产品名称	1.2 产品销售数量（个）	1.2 产品销售利润（元）
1	双肩包	659	34268
2	行李包	733	48378
3	钱包	483	47817
4	手提包	406	45878
5	单肩包	481	33670

查询 [1] ＜ 　fx = Table.Group(更改的类型, {"产品名称"}, {{"产品销售数量（个）",

表1

图 6-72

6.3.4　转置行列

　　转置行列是指将查询表旋转 90°，使列变为行、行变为列。需要注意的是，只有表的内容会被转置，初始的列标题则会丢失，新的列标题为"Column+ 数字序号"的形式。

◎ 原始文件：实例文件＼第6章＼6.3＼6.3.4＼销售表.xlsx
◎ 最终文件：实例文件＼第6章＼6.3＼6.3.4＼转置行列.pbix

　　步骤 01　查看数据源。打开原始文件，可看到如图 6-73 所示的数据表格。这种形式的表格便于人类阅读和理解，但不适合用于 Power BI 的数据建模和可视化，需要进行结构重塑。

	A	B	C	D	E	F	G
1	年份	2022			2023		
2	产品	旅行箱	斜挎包	手提包	旅行箱	斜挎包	手提包
3	北京	¥21,500	¥35,000	¥23,600	¥66,300	¥21,900	¥28,160
4	成都	¥65,900	¥28,600	¥14,200	¥69,870	¥49,560	¥67,900
5	广州	¥89,800	¥55,400	¥59,000	¥35,400	¥35,000	¥27,560
6	上海	¥66,800	¥40,000	¥36,900	¥64,000	¥15,000	¥96,000
7	深圳	¥83,500	¥26,200	¥12,130	¥35,680	¥35,600	¥35,900
8							

图 6-73

　　步骤 02　导入数据。启动 Power BI Desktop，导入原始文件中的数据，然后进入 Power Query 编辑器，查看导入的数据，如图 6-74 所示。可以看到，数据源中跨多列的合并单元格导致第 1 行数据中出现了 null 值，并且这些 null 值不能通过填充或替换来去除。

	A^B_C Column1	ABC 123 Column2	ABC 123 Column3	ABC 123 Column4	ABC 123 Column5	ABC 123 Column6	ABC 123 Column7
1	年份	2022	null	null	2023	null	null
2	产品	旅行箱	斜挎包	手提包	旅行箱	斜挎包	手提包
3	北京	21500	35000	23600	66300	21900	28160
4	成都	65900	28600	14200	69870	49560	67900
5	广州	89800	55400	59000	35400	35000	27560
6	上海	66800	40000	36900	64000	15000	96000
7	深圳	83500	26200	12130	35680	35600	35900

图 6-74

步骤 03 调用"转置"功能。为了去除 null 值，需要先对表格进行转置。在"转换"选项卡下的"表格"组中单击"转置"按钮，如图 6-75 所示。

图 6-75

步骤 04 查看转置后的效果。在数据编辑区可看到转置后的效果，如图 6-76 所示。

	ABC 123 Column1	ABC 123 Column2	ABC 123 Column3	ABC 123 Column4	ABC 123 Column5	ABC 123 Column6	ABC 123 Column7
1	年份	产品	北京	成都	广州	上海	深圳
2	2022	旅行箱	21500	65900	89800	66800	83500
3	null	斜挎包	35000	28600	55400	40000	26200
4	null	手提包	23600	14200	59000	36900	12130
5	2023	旅行箱	66300	69870	35400	64000	35680
6	null	斜挎包	21900	49560	35000	15000	35600
7	null	手提包	28160	67900	27560	96000	35900

图 6-76

步骤 05 设置列标题和数据类型。将第 1 行提升为列标题，并设置各列的数据类型，效果如图 6-77 所示。

	1²₃ 年份	A^B_C 产品	1²₃ 北京	1²₃ 成都	1²₃ 广州	1²₃ 上海	1²₃ 深圳
1	2022	旅行箱	21500	65900	89800	66800	83500
2	null	斜挎包	35000	28600	55400	40000	26200
3	null	手提包	23600	14200	59000	36900	12130
4	2023	旅行箱	66300	69870	35400	64000	35680
5	null	斜挎包	21900	49560	35000	15000	35600
6	null	手提包	28160	67900	27560	96000	35900

图 6-77

步骤 06 填充 null 值。对"年份"列进行向下填充，从而去除 null 值，效果如图 6-78 所示。

▦▾	1²₃ 年份 ▾	A^BC 产品 ▾	1²₃ 北京 ▾	1²₃ 成都 ▾	1²₃ 广州 ▾	1²₃ 上海 ▾	1²₃ 深圳 ▾
1	2022	旅行箱	21500	65900	89800	66800	83500
2	2022	斜挎包	35000	28600	55400	40000	26200
3	2022	手提包	23600	14200	59000	36900	12130
4	2023	旅行箱	66300	69870	35400	64000	35680
5	2023	斜挎包	21900	49560	35000	15000	35600
6	2023	手提包	28160	67900	27560	96000	35900

图 6-78

6.3.5　宽表和长表的相互转换

宽表（wide data）和长表（long data）是两种数据存储格式。假设有一个记录学生考试成绩的数据集，用宽表来存储的效果如图 6-79 所示，每一行代表一个学生的所有科目的考试成绩，用长表来存储的效果如图 6-80 所示，每一行代表一个学生的一门科目的考试成绩。

▦▾	A^BC 姓名 ▾	1²₃ 语文 ▾	1²₃ 数学 ▾
1	马晓刚	81	87
2	张菲菲	97	99
3	关星宇	92	74

图 6-79

▦▾	A^BC 姓名 ▾	A^BC 科目 ▾	1²₃ 成绩 ▾
1	马晓刚	语文	81
2	马晓刚	数学	87
3	张菲菲	语文	97
4	张菲菲	数学	99
5	关星宇	语文	92
6	关星宇	数学	74

图 6-80

宽表和长表各有优势和局限性，选择哪种格式取决于数据分析的目标。一般而言，宽表用于数据合并和对比，长表用于数据建模。

6.3.4 节最终获得的查询表就是一个比较典型的宽表，其"北京""成都""广州"等列标题实际上可以视为"城市"列的值。本节将使用 Power Query 编辑器中的"逆透视列"功能将这个宽表转换成长表，然后使用"透视列"功能将长表转换成另一种形式的宽表。

◎ 原始文件：实例文件＼第6章＼6.3＼6.3.5＼宽表和长表的相互转换1.pbix
◎ 最终文件：实例文件＼第6章＼6.3＼6.3.5＼宽表和长表的相互转换2.pbix

步骤01 调用"逆透视列"功能。 打开原始文件，进入 Power Query 编辑器。❶选中"年份"列和"产品"列，❷在"转换"选项卡下的"任意列"组中单击"逆透视列"按钮的下拉箭头，❸在展开的列表中单击"逆透视其他列"选项，如图 6-81 所示。

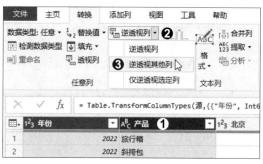

图 6-81

> 💡 **提示**
>
> 本案例要对"北京""成都""广州"等列进行逆透视，"逆透视列"按钮提供的 3 个选项都能达到目的。可以选中"北京""成都""广州"等列，再执行"逆透视列"或"仅逆透视选定列"选项；也可以选中"年份"列和"产品"列，再执行"逆透视其他列"选项。这 3 个选项的区别体现在数据源发生变动的情况下。假设数据源中新增了一个"重庆"列，那么在 Power Query 编辑器中刷新数据时，用"逆透视列"或"逆透视其他列"选项生成的查询表会自动对"重庆"列进行逆透视，而用"仅逆透视选定列"选项生成的查询表不会对"重庆"列进行逆透视。

步骤02 修改列标题。 随后 Power Query 编辑器会对"北京""成都""广州"等未选中的列进行逆透视，创建属性值对，并生成相应的"属性"列和"值"列，我们可以将这两列的列标题分别修改为更直观的"城市"和"销售金额"，如图 6-82 所示。

	年份	产品	属性	值
1	2022	旅行箱	北京	21500
2	2022	旅行箱	成都	65900
3	2022	旅行箱	广州	89800
28	2023	手提包	广州	27560
29	2023	手提包	上海	96000
30	2023	手提包	深圳	35900

	年份	产品	城市	销售金额
1	2022	旅行箱	北京	21500
2	2022	旅行箱	成都	65900
3	2022	旅行箱	广州	89800
28	2023	手提包	广州	27560
29	2023	手提包	上海	96000
30	2023	手提包	深圳	35900

图 6-82

步骤03 用"透视列"功能。 假设需要对比不同年份的销售金额，❶选中"年份"列，❷在"转换"选项卡下的"任意列"组中单击"透视列"按钮，如图 6-83 所示。

步骤04 设置透视列的选项。 弹出"透视列"对话框，❶在"值列"下拉列表框中选择"销售金额"列，❷展开"高级选项"，❸在"聚合值函数"下拉列表框中选择

"不要聚合"选项，❹单击"确定"按钮，如图 6-84 所示。

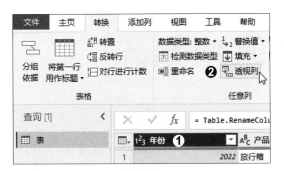

图 6-83 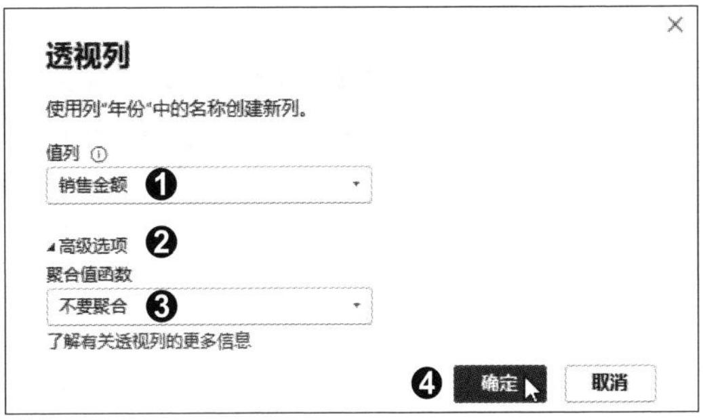　　　　　　　　　　　　　　　　图 6-84

⚡ 提 示

　　在"聚合值函数"下拉列表框中还可以选择"计数（全部）""计数（不为空白）""最小值""最大值""中值""平均值""求和"等汇总运算方式。

　　步骤 05 查看透视列的效果。在数据
编辑区可以看到使用"年份"列中的值创
建新列的效果，如图 6-85 所示。

	产品	城市	2022	2023
1	手提包	上海	36900	96000
2	手提包	北京	23600	28160
3	手提包	广州	59000	27560
13	旅行箱	广州	89800	35400
14	旅行箱	成都	65900	69870
15	旅行箱	深圳	83500	35680

图 6-85

第7章
利用 AI 工具快速掌握 M 语言

　　第 5、6 章讲解的操作都是在 Power Query 编辑器的图形用户界面中进行的，实现这些操作的"幕后功臣"实际上是用 M 语言编写的代码。图形用户界面虽然非常直观和友好，但是灵活性和扩展性不足，为了更从容地应对复杂多变的数据处理任务，我们有必要掌握 M 语言。对于没有编程基础的人而言，从头开始学习 M 语言会有一定的难度。好在得益于 Power Query 编辑器自身的功能升级和 AI 技术的飞速进步，我们现在可以轻松地跨越 M 语言的学习门槛，逐步建立 M 语言的应用能力。

7.1　初识 M 语言

　　本节将讲解 M 语言的一些入门知识，为后续的学习打好基础。主要内容包括查看 M 语言代码的方法及 M 语言的标准库函数和自定义函数。

7.1.1　查看 M 语言代码

　　之前提到过，Power Query 编辑器会将用户执行的大部分操作步骤用 M 语言记录下来，这一过程有点类似在 Excel 中录制宏。查看操作步骤对应的 M 语言代码有助于我们深入理解每个步骤背后的底层逻辑，直观地学习和记忆函数的用法，从而提高学习效率。M 语言代码的查看入口主要有两个：公式编辑栏和高级编辑器。

◎ 原始文件：实例文件＼第7章＼7.1＼7.1.1＼销售记录表.pbix
◎ 最终文件：无

1．公式编辑栏

　　公式编辑栏位于数据编辑区上方。如果界面中未显示公式编辑栏，可以在"视图"选项卡下的"布局"组中勾选"编辑栏"复选框。

　　用 Power BI Desktop 打开原始文件，进入 Power Query 编辑器，❶在右侧的"查询设置"窗格中选中一个步骤，❷公式编辑栏中就会显示该步骤对应的 M 语言代码，❸单击☑按钮可以展开公式编辑栏，❹显示完整代码，如图 7-1 所示。

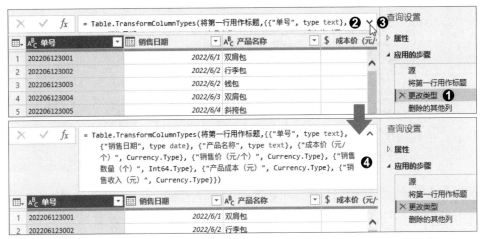

图 7-1

2．高级编辑器

在"主页"选项卡下的"查询"组中单击"高级编辑器"按钮，如图 7-2 所示，即可打开"高级编辑器"对话框。

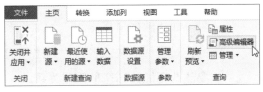

图 7-2

"高级编辑器"对话框中显示的是针对某个查询表执行的所有操作步骤对应的代码。为了提高代码的可读性，可单击对话框右上角的"显示选项"按钮，在展开的列表中勾选"显示行号""呈现空格""启用自动换行"等选项，设置后的效果如图 7-3 所示。对话框中的代码分为两个部分：let 语句后的代码块（第 2 ～ 5 行）是操作过程，in 语句后的代码块（第 7 行）是输出结果。

操作过程代码块按操作步骤的顺序自上而下编写，每一行代码都是一个等式，等号左侧是变量，右侧是操作的具体内容，整行代码表示将右侧操作的结果赋给左侧的变量。在下一行代码中可以通过变量来引用上一行代码的操作结果。除了最后一行（in 语句上方），其他行的末尾都要输入逗号作为行结束符。通过仔细观察还可以发现，操作过程代码块中的变量名也是"查询设置"窗格中的步骤的名称。

输出结果代码块的内容比较简单，其通常为操作过程代码块的最后一个变量，代表一系列操作的最终结果。

图 7-3

在公式编辑栏和高级编辑器中还可以修改 M 语言代码，但要注意以下事项：

① M 语言对大小写敏感，例如，"x"和"X"是两个不同的变量。

② 变量名通常由字母、汉字、数字等组成，也允许使用空格、标点符号等特殊字符。如果变量名含有特殊字符，则需要将变量名放在英文双引号内，并在开头加上"#"号，如"#"Total Sales""。

③ 操作过程代码块的各行代码之间通过变量的引用形成了依赖关系，在修改代码时要注意不能破坏这种依赖关系。

7.1.2　M 语言的标准库函数

M 语言中的函数是一组输入值到单个输出值的映射，主要分为标准库函数和自定义函数两大类。本节先介绍标准库函数。

标准库函数是 Power Query 提供的内置函数集，它们被预先定义并打包在 M 语言引擎中，供用户在代码中直接调用。这些函数涵盖了数据获取、表处理（如筛选、排序、合并等）、数据转换（如类型转换、字符串操作、日期和时间处理等）等各种应用场景。标准库函数的数量很多，本书出于篇幅原因不做详细讲解，而是介绍一些高效的自学方法。

1. 通过查阅官方文档学习标准库函数

查阅官方文档是学习和掌握标准库函数的最佳途径之一。用网页浏览器打开标准库函数的参考文档（https://learn.microsoft.com/zh-cn/powerquery-m/power-query-m-function-reference），可以看到按类别列出的函数，如图 7-4 所示。也可以利用页面左侧的目录树浏览各类函数，或者利用页面左上角的搜索框搜索函数。

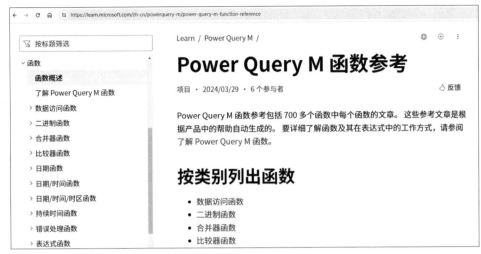

图 7-4

单击某个类别，如"日期函数"，进入相应的概述页面，可以看到该类别下各个函数的名称和功能说明，如图 7-5 所示。大部分函数的命名格式是"库名 . 函数名"，库名和函数名通常都比较直观，可以"见名知义"，例如，"Date.AddDays"中的"Date"表明该函数用于处理日期值，"AddDays"则表明该函数的功能是将天数添加到日期值上。个别函数的命名格式是"# 函数名"，如"#date"，这种格式的函数通常用于创建某种数据类型的值。需要注意的是，M 语言对大小写敏感，因此，在代码中调用函数时要规范地输入每一个字母。

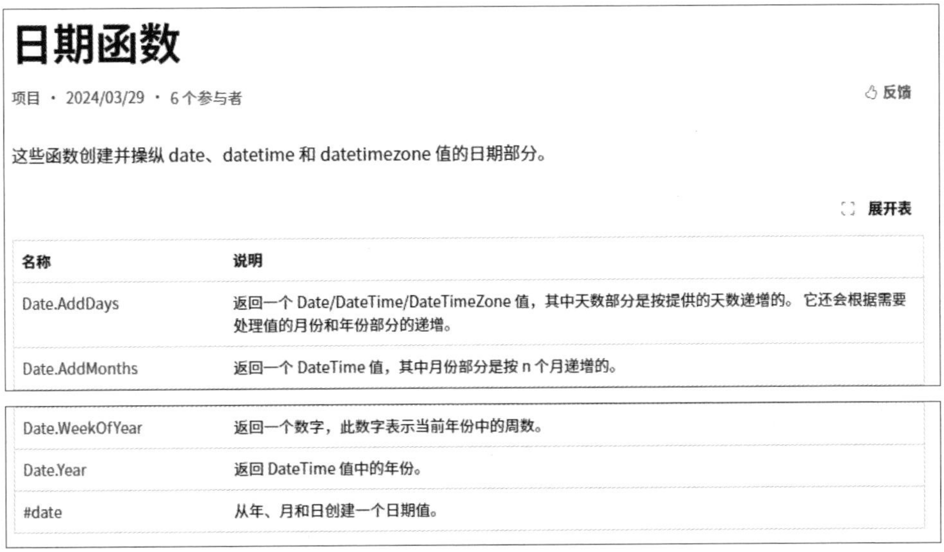

日期函数

项目 · 2024/03/29 · 6 个参与者　　　　　　　　　　　　　　　　　　　　　　　　　△ 反馈

这些函数创建并操纵 date、datetime 和 datetimezone 值的日期部分。

ℂ 展开表

名称	说明
Date.AddDays	返回一个 Date/DateTime/DateTimeZone 值，其中天数部分是按提供的天数递增的。它还会根据需要处理值的月份和年份部分的递增。
Date.AddMonths	返回一个 DateTime 值，其中月份部分是按 n 个月递增的。
Date.WeekOfYear	返回一个数字，此数字表示当前年份中的周数。
Date.Year	返回 DateTime 值中的年份。
#date	从年、月和日创建一个日期值。

图 7-5

单击某个函数的名称链接，如"Date.AddDays"，进入该函数的详情页面，页面内容主要分为"语法""关于""示例"等部分。

"语法"部分介绍了函数的语法格式，如图7-6所示。括号中为函数的参数，前方带有关键词optional的参数为可选参数，否则为必需参数，各参数后用关键词as指明参数的数据类型。括号后用关键词as指明函数返回值的数据类型。

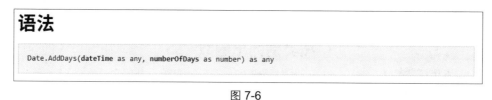

图 7-6

"关于"部分介绍了函数的功能和各参数的含义，如图7-7所示。

图 7-7

"示例"部分提供了一些简单的演示代码，旨在通过具体的应用场景帮助用户理解函数的功能和用法，如图7-8所示。

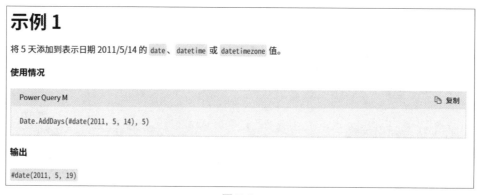

图 7-8

2. 借助 AI 工具阅读函数的官方文档

M语言官方文档的中文版是用机器翻译生成的，可能会有翻译不到位的情况。如果感觉读不懂中文版的文档内容，可以将网址中的"zh-cn"改为"en-us"，切换至英文版，然后按照 3.4.2 节讲解的方法，借助 AI 工具阅读和理解文档内容。

目前有些 AI 工具还能从指定链接抓取页面内容，为用户省去了在不同页面之间复制和粘贴文本的烦琐操作。以 Kimi 智能助手（https://kimi.moonshot.cn/）为例，只需输入某个标准库函数的文档链接，它就会自动抓取文档内容，并用通俗易懂的方式进行总结，如图 7-9 所示。如果用户对文档内容还有不理解的地方，可以继续提问，以交互的方式进行学习。

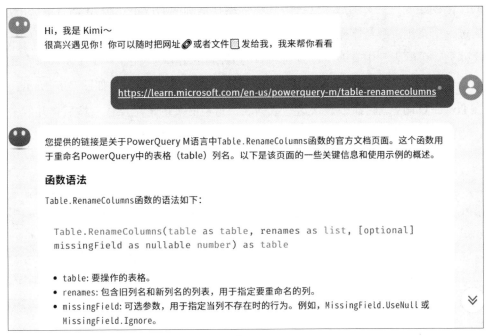

图 7-9

3. 在高级编辑器中实时获取函数信息

在高级编辑器中查看或编辑代码时，将鼠标指针放在代码中调用的某个标准库函数上，在鼠标指针旁边会弹出信息条，显示该函数的语法格式和功能概述，如图 7-10 所示。

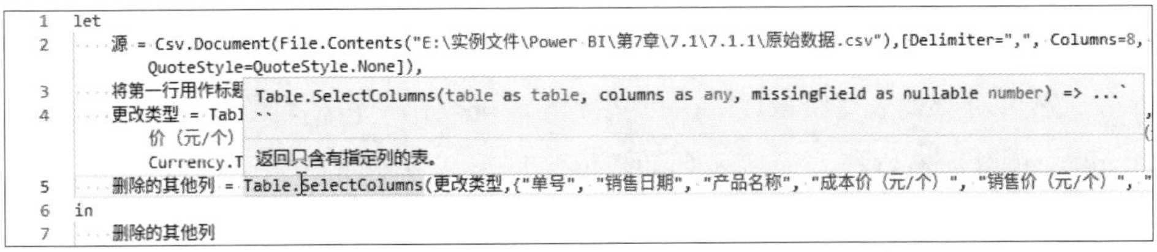

图 7-10

7.1.3 M 语言的自定义函数

自定义函数是由用户根据自己的需求创建的新的函数。自定义函数通常用于封装重复度或复杂度较高的操作，以提高代码的复用性和可读性。

1. 通过图形界面创建自定义函数

Power BI Desktop 中的 Power Query 编辑器允许用户通过图形界面将针对单个查询表执行的操作创建成自定义函数，这种方式适合编程基础薄弱或不熟悉 M 语言语法的用户，下面通过一个案例讲解具体操作。

文件夹"采购表"中有多个以月份命名的 Excel 工作簿，如图 7-11 所示。每个工作簿中都有一个工作表"Sheet1"，工作表中有一个固定结构的数据表，如图 7-12 所示。现在需要在 Power Query 编辑器中导入这些数据表，进行必要的清洗操作，然后合并成一个数据表。这种有固定模式的批量操作非常适合用自定义函数来完成。

图 7-11

图 7-12

◎ 原始文件：实例文件＼第7章＼7.1＼7.1.3＼采购表（文件夹）
◎ 最终文件：实例文件＼第7章＼7.1＼7.1.3＼通过图形界面创建自定义函数.pbix

步骤 01 导入单个数据表并执行所需操作。打开 Power BI Desktop，进入 Power Query 编辑器。使用"主页"选项卡下"新建查询"组中的"新建源"按钮导入文件夹"采购表"下某个工作簿中的数据表，如"1 月 .xlsx"中的数据表，得到查询表"Sheet1"，效果如图 7-13 所示。然后对查询表"Sheet1"执行必要的清洗操作，包括删除前两行、将第一行提升为列标题、删除所有空行、设置各列的数据类型等，效果如图 7-14 所示。

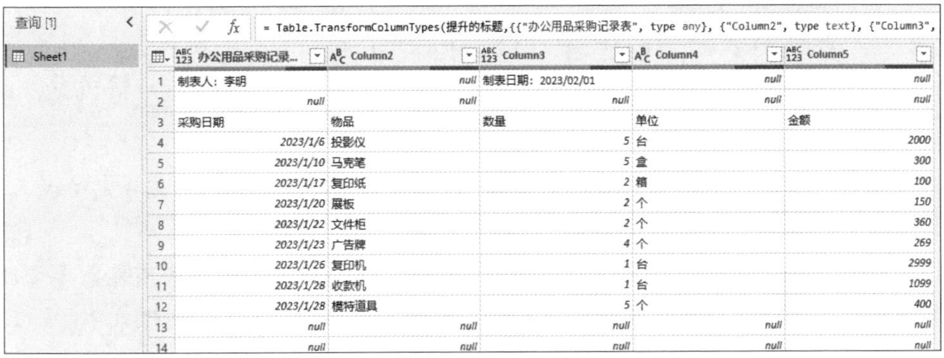

图 7-13

图 7-14

步骤 02 向 AI 工具寻求关于函数参数的建议。接下来需要创建自定义函数的参数，如果感到无从下手，可向 AI 工具寻求建议。提示词中需要提供步骤 01 所有操作对应的 M 语言代码（可利用高级编辑器获取），演示对话如下（部分代码从略）：

👤 我需要你扮演一位精通 M 语言的数据分析师。以下是一段 M 语言代码，我想将它创建成一个自定义函数，但是不知道其中哪些部分适合作为这个自定义函数的参数。请你提供一些建议，谢谢。
"""

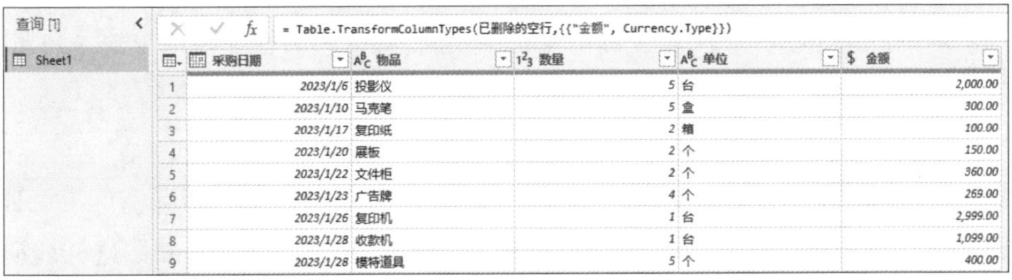

```
1   let
2   源 = Excel.Workbook(File.Contents("E:\实例文件\Power BI\第7章
    \7.1\7.1.3\采购表\1月.xlsx")), null, true),
3   Sheet1_Sheet = 源{[Item="Sheet1",Kind="Sheet"]}[Data],
4   提升的标题 = Table.PromoteHeaders(Sheet1_Sheet, [PromoteAllSca-
    lars=true]),
5   更改的类型 = Table.TransformColumnTypes(提升的标题,{{"办公用品采购记
    录表", type any}, {"Column2", type text}, {"Column3", type any},
    {"Column4", type text}, {"Column5", type any}}),
```

```
6    删除的顶端行 = Table.Skip(更改的类型, 2),
7    ·············
"""
```

AI 为了创建一个自定义函数，可将上述 M 语言代码中可能会变化的部分定义成参数。以下是一些建议：

（1）文件路径：因为数据源来自 Excel 工作簿，而不同的分析任务可能需要处理位于不同文件夹下的不同文件名的 Excel 工作簿，所以可以将文件路径作为参数。

（2）工作表名称：工作表名称可能也是一个好的参数，这样可以在导入数据时引用不同名称的工作表。

（3）要删除的顶端行数：在代码中使用了 Table.Skip 函数来删除一定数量的顶端行。这个数量可能因文件内容而异，将其作为参数能让自定义函数更灵活。

·············

步骤 03 创建参数。参考 AI 工具的建议并结合本案例的实际情况，这里选择将文件夹路径定义成参数 Folder，将文件名中的月份值定义成参数 Month，这样代码中的 Excel 工作簿文件路径就可以表达成 3 个部分的组合：参数 Folder ＋参数 Month ＋字符串"月 .xlsx"。❶在"主页"选项卡下的"参数"组中单击"管理参数"按钮的图标，弹出"管理参数"对话框，❷单击"新建"按钮创建一个新参数，❸然后设置该参数的名称（Folder）、说明、类型、建议的值、当前值，如图 7-15 所示。使用相同的方法创建和设置参数 Month，如图 7-16 所示。

图 7-15

图 7-16

步骤 04 查看创建参数的效果。在"管理参数"对话框中完成所需操作后，单击"确定"按钮，即可在"查询"窗格中看到创建的参数 Folder 和 Month，如图 7-17 所示。

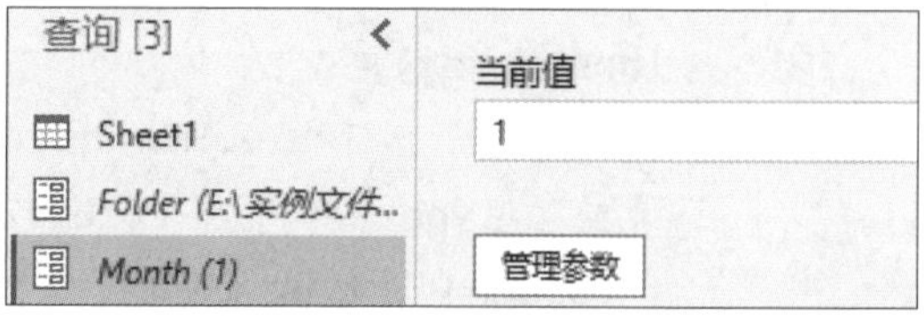

图 7-17

步骤 05 在代码中引用参数。现在需要将查询表代码中的 Excel 工作簿文件路径修改成引用参数 Folder 和 Month 的形式。切换至查询表"Sheet1"，❶在"查询设置"窗格中双击步骤"源"，如图 7-18 所示。❷在弹出的"Excel 工作簿"对话框中单击"高级"单选按钮，切换至高级模式，❸在"文件路径部分"选项组中利用"添加部件"按钮添加部件，❹然后将第 1、2 个部件分别设置成参数 Folder 和 Month，将第 3 个部件设置成文本"月.xlsx"，如图 7-19 所示。设置完毕后单击"确定"按钮，❺在公式编辑栏中可以看到，步骤"源"对应代码中的文件路径已经引用了参数 Folder 和 Month，如图 7-20 所示。

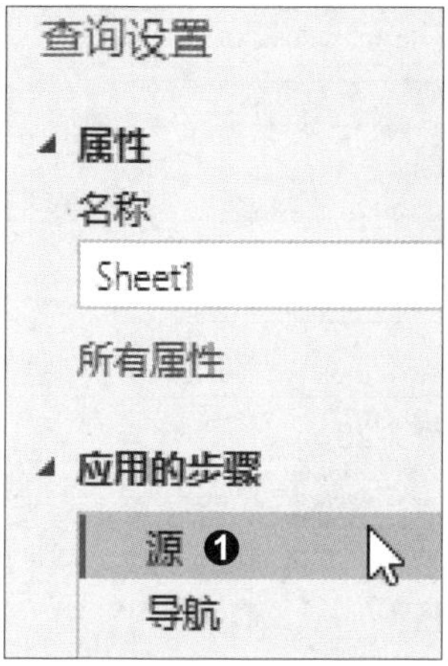

图 7-18

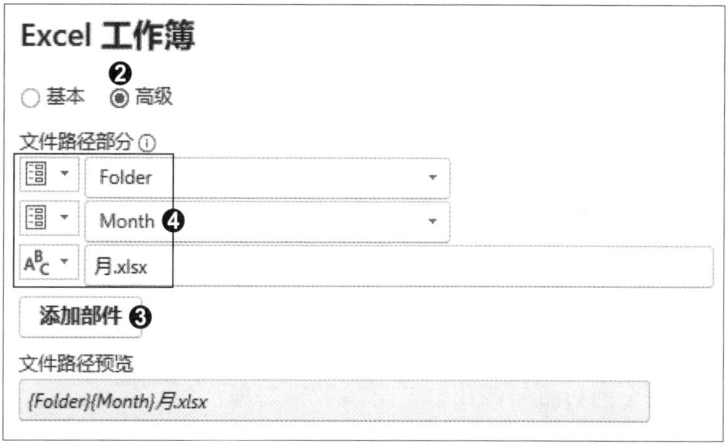

图 7-19

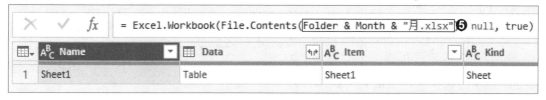

图 7-20

> 提示
>
> 如果步骤对应的对话框不提供高级模式，可以通过在公式编辑栏中手动修改代码来引用参数。

步骤 06 将查询表转换成自定义函数。❶在"查询"窗格中用鼠标右键单击查询表"Sheet1"，❷在弹出的快捷菜单中单击"创建函数"命令，如图 7-21 所示。弹出"创建函数"对话框，❸输入自定义函数的名称，如"Data_Import_Clean"，❹单击"确定"按钮，如图 7-22 所示。

图 7-21

图 7-22

步骤 07 查看创建自定义函数的效果。❶在"查询"窗格中会自动创建以自定义函数命名的分组，用于存放自定义函数及相关的查询表和参数，❷选中自定义函数，❸在数据编辑区会显示函数的调用界面，供用户测试函数的功能，如图 7-23 所示。

图 7-23

步骤 08 创建月份值列表。本案例的目标需要通过批量调用自定义函数来实现，所以需要创建一个月份值列表。在"主页"选项卡下的"新建查询"组中单击"新建源"按钮的下拉箭头，在展开的列表中单击"空查询"选项，新建一个空查询"查询 1"。❶在公式编辑栏中输入公式"= List.Numbers(1, 6)"，按〈Enter〉键，❷创建一个整数列表，❸在"列表工具 - 转换"选项卡下的"转换"组中单击"到表"按钮，如图7-24 所示。

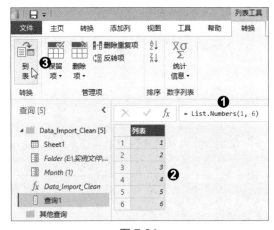

图 7-24

 提示

　　标准库函数 List.Numbers 用于创建等差数列列表。公式"= List.Numbers(1, 6)"表示创建一个起始值为 1、共有 6 个值的等差数列列表，步长为默认值 1。

步骤 09　将列表转换成表。在弹出的"到表"对话框中保持默认设置，单击"确定"按钮，如图 7-25 所示，即可将"查询 1"转换成表，原先的整数列表变为表中的一列。将列标题修改成"月份"。因为后续要用该列作为参数 Month 的值，而参数 Month 的数据类型是文本，所以将该列的数据类型也修改成文本，效果如图 7-26 所示。

图 7-25　　　　　　　　　　　　　　　　　图 7-26

步骤 10　通过调用自定义函数添加列。在"添加列"选项卡下的"常规"组中单击"调用自定义函数"按钮，弹出"调用自定义函数"对话框。❶输入新列名，如"采购表"，❷在"功能查询"下拉列表框中选择前面创建的自定义函数 Data_Import_Clean，❸将参数 Folder 的值设置成文本"E:\ 实例文件 \Power BI\ 第 7 章 \7.1\7.1.3\ 采购表 \"，❹将参数 Month 的值设置成"月份"列，如图 7-27 所示。设置完毕后单击"确定"按钮。

步骤 11　查看添加列的效果。随后 Power Query 编辑器会根据对话框中的设置批量调用自定义函数 Data_Import_Clean，❶在数据编辑区可以看到生成的"采购表"列，该列的每个单元格中都是一个子表，❷单击某个单元格的空白处，❸将在下方显示子表中的数据，如图 7-28 所示。可以看到，子表中的数据是从文件夹"采购表"下相应月份的 Excel 工作簿中导入的，并且进行了与查询表"Sheet1"相同的清洗操作。

图 7-27　　　　　　　　　　　　　　　　　图 7-28

步骤 12 展开所有子表。❶单击"采购表"列的列标题右侧的 图标，❷在展开的列表中勾选所有列，❸取消勾选"使用原始列名作为前缀"复选框，❹单击"确定"按钮，如图 7-29 所示。即可展开所有子表，效果如图 7-30 所示。随后删除已经无用的"月份"列，并为各列设置正确的数据类型，最终效果如图 7-31 所示。

图 7-29

	AᵇC 月份	ABC 123 采购日期	ABC 123 物品	ABC 123 数量	ABC 123 单位	ABC 123 金额
1	1	2023/1/6	投影仪	5	台	2000
2	1	2023/1/10	马克笔	5	盒	300
3	1	2023/1/17	复印纸	2	箱	100
58	6	2023/6/22	模特道具	5	个	400
59	6	2023/6/25	交换机	2	台	150
60	6	2023/6/30	路由器	2	台	400

图 7-30

	采购日期	AᵇC 物品	1²₃ 数量	AᵇC 单位	$ 金额
1	2023/1/6	投影仪	5	台	2,000.00
2	2023/1/10	马克笔	5	盒	300.00
3	2023/1/17	复印纸	2	箱	100.00
58	2023/6/22	模特道具	5	个	400.00
59	2023/6/25	交换机	2	台	150.00
60	2023/6/30	路由器	2	台	400.00

图 7-31

> ⚡ **提示**
>
> 　　用于创建自定义函数的查询表（本案例中为"Sheet1"）一般不用于数据建模和可视化。为减少资源占用，在自定义函数创建完毕后，建议在"查询"窗格中用鼠标右键单击该表，在弹出的快捷菜单中取消勾选"启用加载"选项。
>
> 　　如果后期需要调整自定义函数的功能，最好不要直接修改自定义函数，而要修改对应的查询表，自定义函数的功能会自动同步更新。

2．通过编写代码创建自定义函数

通过手动编写代码创建自定义函数是比较传统的方式，其优点是灵活和自由。用户既可以在同一个查询中定义和调用自定义函数，也可以在不同的查询中分别定义和调用自定义函数。这里以后一种方式为例进行讲解。以这种方式创建的自定义函数是独立存在的，其他查询均可调用，即"一处定义，多处调用"。其基本语法格式如下：

```
1  (参数列表) =>
2      let
3          函数体
4      in
5          返回值
```

函数的定义以位于一对括号内的参数列表开头，然后是"=>"（等号和大于号），接着是 let 语句下方的函数体，最后是 in 语句下方的返回值。参数列表中如果有多个参数，需要用逗号分隔。函数体定义了在调用函数时如何计算返回值，参数列表中的每个参数都将成为变量，在计算返回值时使用。

◎ 原始文件：实例文件＼第7章＼7.1＼7.1.3＼通过编写代码创建自定义函数1.pbix
◎ 最终文件：实例文件＼第7章＼7.1＼7.1.3＼通过编写代码创建自定义函数2.pbix

步骤 01 查看原始数据。打开原始文件，进入 Power Query 编辑器，查看查询表"学生信息表"中的数据，如图 7-32 所示。现在需要根据每个学生的出生日期计算相应的周岁年龄。

图 7-32

步骤 02 创建自定义函数。在"主页"选项卡下的"新建查询"组中单击"新建源"按钮的下拉箭头，在展开的列表中单击"空查询"选项，新建一个空查询。❶将空查询重命名为合适的函数名称，如"CalculateAge"，打开高级编辑器，❷删除默认的模板代码并输入自定义函数的代码，如图 7-33 所示。

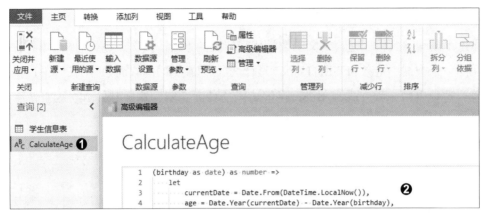

图 7-33

自定义函数的完整代码如下：

```
1   (birthday as date) as number =>
2       let
3           currentDate = Date.From(DateTime.LocalNow()),
4           age = Date.Year(currentDate) - Date.Year(birthday),
5           adjustedAge =
6               if (Date.Month(currentDate) < Date.Month(birthday)) or
7               (Date.Month(currentDate) = Date.Month(birthday) and Date.
                Day(currentDate) < Date.Day(birthday))
8               then
9                   age - 1
10              else
11                  age
12      in
13          adjustedAge
```

第 1 行代码的括号中定义了一个代表出生日期的参数 birthday，并用关键词 as 声明该参数的数据类型为 date，在括号后用关键词 as 声明返回值的数据类型为 number。M 语言不强制要求声明参数和返回值的数据类型。

第 3 ～ 11 行代码为函数体，用于实现函数的功能。其中，第 3 行代码用于获取当前日期。第 4 行代码用于计算当前日期与出生日期之间的年份差值。第 5 ～ 11 行代码用于对年份差值进行修正：如果根据当前日期和出生日期判断出今年还未过生日，则将年份差值减 1，否则不减 1。

第 13 行代码将修正后的年份差值定义为函数的返回值。

⚡ 提示

　　此处的学习重点是自定义函数的语法格式，所以只对代码做了简单讲解。读者如果想深入了解代码中各个语句、运算符和标准库函数的用法，可以使用 AI 工具对代码进行详细解读。

步骤 03　查看创建自定义函数的效果。在高级编辑器中完成代码输入后，单击"完成"按钮，❶在"查询"窗格中可以看到"CalculateAge"左侧的图标变为代表函数的样式，❷在数据编辑区则会显示函数的调用界面，供用户测试函数的功能，如图 7-34 所示。至此，自定义函数 CalculateAge 就创建完毕了。

步骤 04　调用自定义函数计算年龄。切换至"学生信息表"，在"添加列"选项卡下的"常规"组中单击"调用自定义函数"按钮，弹出"调用自定义函数"对话框。❶输入新列名，如"年龄"，❷在"功能查询"下拉列表框中选择自定义函数 CalculateAge，❸将参数 birthday 的值设置成"出生日期"列，❹设置完毕后单击"确定"按钮，如图 7-35 所示。

图 7-34

图 7-35

步骤 05　查看调用自定义函数的结果。在数据编辑区可以看到生成的"年龄"列，列中的值是自定义函数 CalculateAge 根据当前日期（假设为 2024 年 4 月 8 日）和各个学生的出生日期计算出的周岁年龄，如图 7-36 所示。

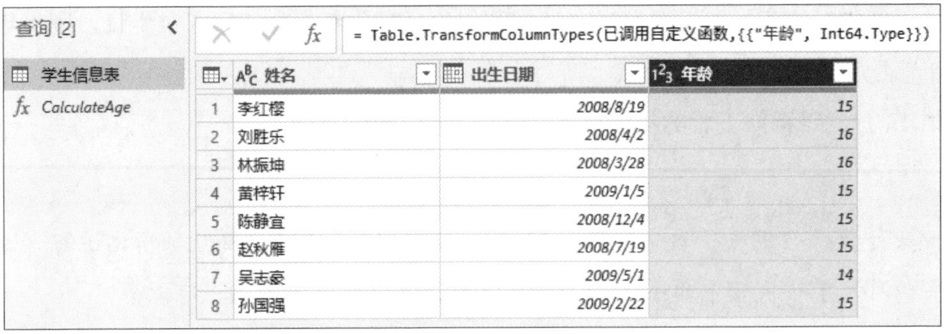

图 7-36

7.2 AI 辅助 M 语言编程

通过学习 7.1 节，我们对 M 语言建立了初步的认知。尽管如此，许多读者可能会感到意犹未尽。例如，虽然 7.1.1 节介绍了查看 M 语言代码的方法，但是如果想要更进一步，自己修改代码，应该从何入手呢？同样，虽然 7.1.3 节的第 2 个案例给出了自定义函数的代码，但是这些代码是如何编写出来的，对于初学者来说可能仍然是个谜。

代码的阅读、修改、编写，都建立在扎实掌握编程语言的基础之上。然而，掌握一门编程语言通常需要较长时间的学习和实践，那么是否存在一条速成之路呢？答案是肯定的，那就是利用 AI 辅助编程（AI-Assisted Coding）。在 AI 工具的指导下，即使是新手也能逐步学会修改和编写代码。对于那些渴望深入学习 M 语言，但又苦于时间或经验限制的读者来说，AI 辅助编程无疑是一条值得尝试的捷径。

7.2.1 AI 辅助编程的基础知识

简单来说，AI 辅助编程是指用户用自然语言描述希望实现的功能，由 AI 工具根据用户的描述生成相应的代码。

1. AI 辅助编程的注意事项

AI 辅助编程是一个新生事物，其与传统编程方式相比具有很大的优势，但也存在比较明显的局限性。初学者尤其要注意以下几点：

（1）AI 工具的知识库通常只包含某个固定日期之前的信息，不能实时反映编程语言的发展和变化，如改进的语法、新增的函数等。AI 工具还可能提供编造的或具有误导性的信息。因此，用户不能盲目相信 AI 工具生成的代码，而应该进行仔细查验。

（2）输入 AI 工具的信息可能遭到泄露。用户要增强保护信息安全的意识，不在提示词中透露个人隐私或商业机密，在将数据输入 AI 工具之前要进行脱敏处理。

（3）AI 工具接收和生成的内容都有长度限制，不适合用于开发大型项目。将一个大型项目拆分成多个小型模块来分别开发，可以在一定程度上解决这个问题。

2．AI 辅助编程的基本流程

AI 辅助编程的基本流程如下：

（1）梳理功能需求。在与 AI 工具对话之前，要先把功能需求梳理清楚，如要完成的工作、要输入的信息和希望得到的结果等。

（2）编写提示词。根据功能需求编写提示词，描述要尽量具体和精确，这样 AI 工具才能更好地理解需求，并给出高质量的回答。编写提示词的原则和技巧详见 3.3 节。

（3）生成代码。将提示词输入 AI 工具，由 AI 工具生成代码。如果有必要，还可以让 AI 工具为代码添加注释或讲解代码的编写思路。

（4）运行和调试代码。将 AI 工具生成的代码复制、粘贴到 Power Query 编辑器中并运行。如果有报错信息或未得到预期的结果，可以反馈给 AI 工具，让它给出解决方法。

在实践中，可能需要不断重复以上步骤并经过多次对话，才能得到预期的结果。

7.2.2　利用 AI 工具解读和修改代码

在实际工作中，我们经常会用搜索引擎搜索一些现成的代码来使用，但是由于水平有限，看不懂代码，从而无法根据自身需求修改代码。本节就来讲解如何利用 AI 工具解读和修改代码。

◎ 原始文件：实例文件＼第7章＼7.2＼7.2.2＼员工信息.xlsx

◎ 最终文件：实例文件＼第7章＼7.2＼7.2.2＼利用AI工具解读和修改代码.pbix

步骤 01 导入原始数据。 打开 Power BI Desktop，导入原始文件中的数据。进入 Power Query 编辑器，查看查询表"员工信息"中的数据，如图 7-37 所示。

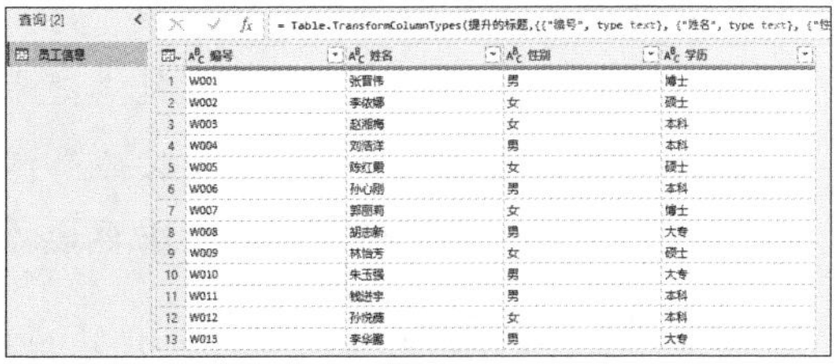

图 7-37

步骤 02 询问代码的功能。假设现在需要对姓名按汉字拼音排序。经过搜索，找到了一段声称可实现此功能的 M 语言代码。打开 AI 工具，要求其解读代码，演示对话如下。可以看到，AI 工具不仅讲解了代码的功能，还分析了代码的运行逻辑。

我需要你扮演一位精通 M 语言的数据分析师，为我讲解下面这段 M 语言代码的功能：

"""

```
1  let
2      源 = source,
3      姓名唯一值 = List.Distinct(源[姓名]),
4      姓名排序顺序 = List.Sort(姓名唯一值, Comparer.FromCulture
       ("zh-CN", false)),
5      添加姓名排序列 = Table.AddColumn(源, "姓名排序值", each List.
       PositionOf(姓名排序顺序, [姓名])),
6      按姓名排序 = Table.Sort(添加姓名排序列, {"姓名排序值", Order.
       Ascending}),
7      删除辅助列 = Table.RemoveColumns(按姓名排序, {"姓名排序值"})
8  in
9      删除辅助列
```

"""

AI 这段代码的功能是对一个名为"源"的表格进行数据处理，以实现以下步骤：

（1）从"源"表格中提取"姓名"列，并创建一个包含所有唯一姓名的列表"姓名唯一值"。

（2）将列表"姓名唯一值"按照简体中文的汉字拼音排序规则（"zh-CN"）进行排序，得到列表"姓名排序顺序"。

（3）在"源"表格中添加一个新列"姓名排序值"，该列的值是每个姓名在列表"姓名排序顺序"中的位置索引。

（4）根据新添加的"姓名排序值"列，对"源"表格进行升序排序。

（5）最后，删除作为辅助的"姓名排序值"列，只保留排序后的结果。

总结一下，这段代码的目的是按照简体中文的汉字拼音排序规则对姓名进行排序，并返回排序后的表格。这在处理需要按特定文化规则排序的数据时非常有用。

步骤 03 询问可修改的地方。继续向 AI 工具询问代码中可修改的地方，演示对话如下：

这段代码中有哪些地方是可以根据实际需求修改的呢？

这段代码中可以根据实际需求修改的地方包括：

（1）数据源：变量"源"目前是直接引用的"source"，您可以根据需要更改为其他表格或数据源。

（2）列名：代码中的"姓名"列是排序的依据，如果需要按照其他列排序，可以将"姓名"替换为相应的列名。

（3）区域性文化标准：Comparer.FromCulture("zh-CN", false) 是用于排序的区域性文化规则，如果需要按照其他文化规则排序，可以将 "zh-CN" 更改为其他的区域性文化代码。例如，"zh-CN_stroke" 表示按简体中文的汉字笔画数排序。

（4）排序顺序：您可以通过将 Order.Ascending 修改为 Order.Descending 来改变排序顺序。

这些修改可以帮助您根据具体的使用场景调整代码，更好地满足您的需求。

步骤 04 尝试运行代码。 返回 Power Query 编辑器，新建一个空白查询，并将其重命名为"姓名拼音排序"。打开高级编辑器，删除默认的模板代码，再将上述代码复制、粘贴进去，然后根据本案例的实际情况，将引用的数据源由"source"修改为"员工信息"，如图 7-38 所示。修改完毕后单击"完成"按钮。

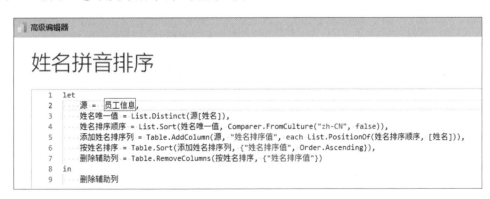

图 7-38

步骤 05 查看运行结果。 在数据编辑区查看代码的运行结果，可以看到代码没有报错，并且按预期的方式完成了"姓名"列的排序，如图 7-39 所示。

步骤 06 询问如何修改代码。 假设现在有了新的需求：先按学历排序，再按姓名排序。返回 AI 工具，让它按照新的需求修改代码。演示对话如下：

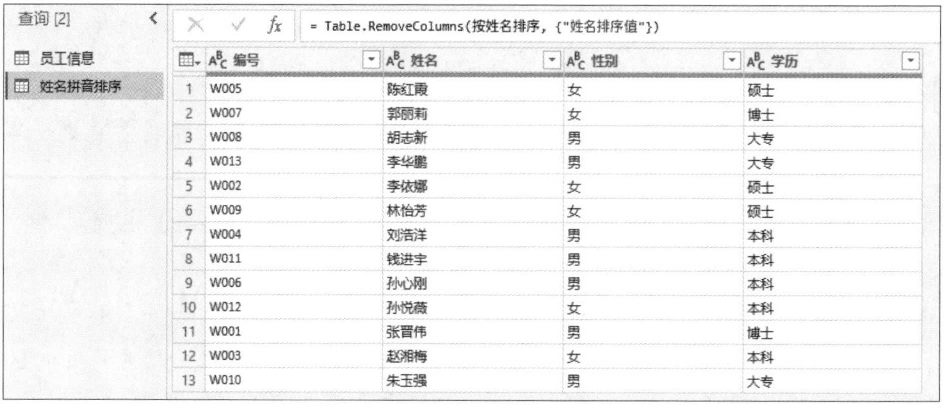

图 7-39

请修改上述代码：先按学历排序，排序规则为"博士 > 硕士 > 本科 > 大专"；当学历相同时，再使用原先的功能按姓名排序。修改后的代码中要添加简要的注释。

下面是对原有代码进行修改后的版本，并附带了注释：

```
1    let
2        // 初始化数据源
3        源 = source,
4        // 定义学历排序顺序
5        学历排序顺序 = {"博士", "硕士", "本科", "大专"},
6        // 添加学历对应的排序数值列
7        添加学历排序列 = Table.AddColumn(源, "学历排序值", each List.
         PositionOf(学历排序顺序, [学历])),
8        // 定义姓名排序顺序
9        姓名唯一值 = List.Distinct(添加学历排序列[姓名]),
10       姓名排序顺序 = List.Sort(姓名唯一值, Comparer.FromCul-
         ture("zh-CN", false)),
11       // 添加姓名对应的排序数值列
12       添加姓名排序列 = Table.AddColumn(添加学历排序列, "姓名排序值",
         each List.PositionOf(姓名排序顺序, [姓名])),
13       // 按照学历和姓名排序值进行排序
14       按学历和姓名排序 = Table.Sort(添加姓名排序列, {{"学历排序值",
         Order.Ascending}, {"姓名排序值", Order.Ascending}}),
15       // 删除辅助列
```

```
16        删除辅助列 = Table.RemoveColumns(按学历和姓名排序, {"姓名排序
          值", "学历排序值"})
17    in
18        删除辅助列 // 最终输出经过学历和姓名双重排序后的数据表
```

请注意，由于原有代码没有涉及学历列，修改后的代码中假设了学历列的名称是"学历"。应用时请替换为实际的学历列名。

步骤 07 运行修改后的代码并查看运行结果。返回 Power Query 编辑器，新建一个空白查询，并将其重命名为"学历和姓名拼音排序"。打开高级编辑器，删除默认的模板代码，将 AI 工具修改后的代码复制、粘贴进去，然后将引用的数据源由"source"修改为"员工信息表"，单击"完成"按钮。在数据编辑区查看代码的运行结果，同样成功地按预期的方式完成了排序，如图 7-40 所示。

查询 [3]		fx	= Table.RemoveColumns(按学历和姓名排序, {"姓名排序值", "学历排序值"})		
员工信息		编号	姓名	性别	学历
姓名拼音排序	1	W007	郭丽莉	女	博士
学历和姓名拼音排序	2	W001	张晋伟	男	博士
	3	W005	陈红霞	女	硕士
	4	W002	李依娜	女	硕士
	5	W009	林怡芳	女	硕士
	6	W004	刘浩洋	男	本科
	7	W011	钱进宇	男	本科
	8	W006	孙心刚	男	本科
	9	W012	孙悦薇	女	本科
	10	W003	赵湘梅	女	本科
	11	W008	胡志新	男	大专

图 7-40

7.2.3 利用 AI 工具编写和优化代码

本案例以一份待整理的客户信息数据为例，讲解如何利用 AI 工具编写和优化 M 语言代码。

◎ 原始文件：实例文件＼第7章＼7.2＼7.2.3＼客户信息.txt
◎ 最终文件：实例文件＼第7章＼7.2＼7.2.3＼利用AI工具编写和优化代码.pbix

步骤 01 查看原始数据。启动 Power BI Desktop，导入原始文件中的数据，进入 Power Query 编辑器，查看查询表"客户信息"的内容（数据中的姓名、地址、电话号码、邮箱等均为虚构），如图 7-41 所示。可以看到，每一行数据都包含 6 个字段值，分别是"ID""姓名""电话号码""地址""生日""邮箱"，但是各行中的字段值排列顺序很混乱。

通过进一步观察可以发现，各个字段值都具备一定的特征，可以据此将每一行中的字段值提取出来，并按指定的顺序排列。

图 7-41

步骤 02 利用 AI 工具编写代码。将我们的需求编写成提示词并输入 AI 工具，要求它编写代码。演示对话如下：

> 我需要你扮演一位精通 Power Query M 语言的数据分析师，帮我编写 M 语言代码，完成数据清洗和整理操作。项目的信息和要求如下：
>
> （1）数据源已加载至名为"客户信息"的查询表。
>
> （2）按以下要求在"客户信息"表中添加列：
>
> ①从每一行的前 6 列中提取内容为 8 位整数的文本值，添加到"ID"列。
>
> ②从每一行的前 6 列中提取长度为 2 ~ 4 个字符的文本值，添加到"姓名"列。
>
> ③从每一行的前 6 列中提取内容为以 1 开头的 11 位整数的文本值，添加到"电话号码"列。
>
> ④从每一行的前 6 列中提取含有"省""自治区""市""县""镇""乡"等特定行政区域关键词的文本值，添加到"地址"列。
>
> ⑤从每一行的前 6 列中提取格式为"yyyy-mm-dd"的文本值，添加到"生日"列。
>
> ⑥从每一行的前 6 列中提取含有"@"符号的文本值，添加到"邮箱"列。
>
> （3）在表中选择并保留"ID""姓名""电话号码""地址""生日""邮箱"列。
>
> （4）代码要遵循 M 语言的语法规范，并用简洁的中文命名各个步骤的变量，以增强代码的可读性。

请先叙述你的编程思路，然后输出 M 语言代码，谢谢。

AI 编程思路：首先使用 Table.AddColumn 函数逐个添加新列，并在每个添加列的函数内利用相关函数进行文本匹配和提取，然后使用 Table.SelectColumns 函数保留所需的列。

以下是对应的 M 语言代码：

```
let
    // 引用数据源
    源 = 客户信息,
    // 1. 添加"ID"列
    添加ID列 = Table.AddColumn(源, "ID", each List.First(List.
Select(List.FirstN(Record.ToList(_), 6), each Text.
Length(_) = 8 and Value.Is(Value.FromText(_), type num-
ber)))),
    // 2. 添加"姓名"列
    添加姓名列 = Table.AddColumn(添加ID列, "姓名", each List.
First(List.Select(List.FirstN(Record.ToList(_), 6), each
Text.Length(_) >= 2 and Text.Length(_) <= 4))),
    // 3. 添加"电话号码"列
    添加电话号码列 = Table.AddColumn(添加姓名列, "电话号码", each
List.First(List.Select(List.FirstN(Record.ToList(_), 6),
each Text.StartsWith(_, "1") and Text.Length(_) = 11 and
Value.Is(Value.FromText(_), type number)))),
    // 4. 添加"地址"列
    添加地址列 = Table.AddColumn(添加电话号码列, "地址", each
List.First(List.Select(List.FirstN(Record.ToList(_), 6),
each List.MatchesAny({"省", "自治区", "市", "县", "镇", "乡"},
(word) => Text.Contains(_, word))))),
    // 5. 添加"生日"列
    添加生日列 = Table.AddColumn(添加地址列, "生日", each List.
First(List.Select(List.FirstN(Record.ToList(_), 6), each
Text.Length(_) = 10 and Text.Contains(_, "-") and Value.
Is(Value.FromText(_), type date)))),
    // 6. 添加"邮箱"列
```

```
15    添加邮箱列 = Table.AddColumn(添加生日列, "邮箱", each List.
      First(List.Select(List.FirstN(Record.ToList(_), 6), each
      Text.Contains(_, "@")))),
16    // 7. 选择并保留指定列
17    选择列 = Table.SelectColumns(添加邮箱列, {"ID", "姓名", "电话
      号码", "地址", "生日", "邮箱"})
18  in
19    选择列
```

步骤 03 验证代码。返回 Power Query 编辑器，新建一个空白查询，打开高级编辑器，删除默认的模板代码，将 AI 工具生成的代码复制、粘贴进去，单击"完成"按钮。在数据编辑区可以看到，代码成功地按预期的方式完成了数据的清洗和整理，如图 7-42 所示。

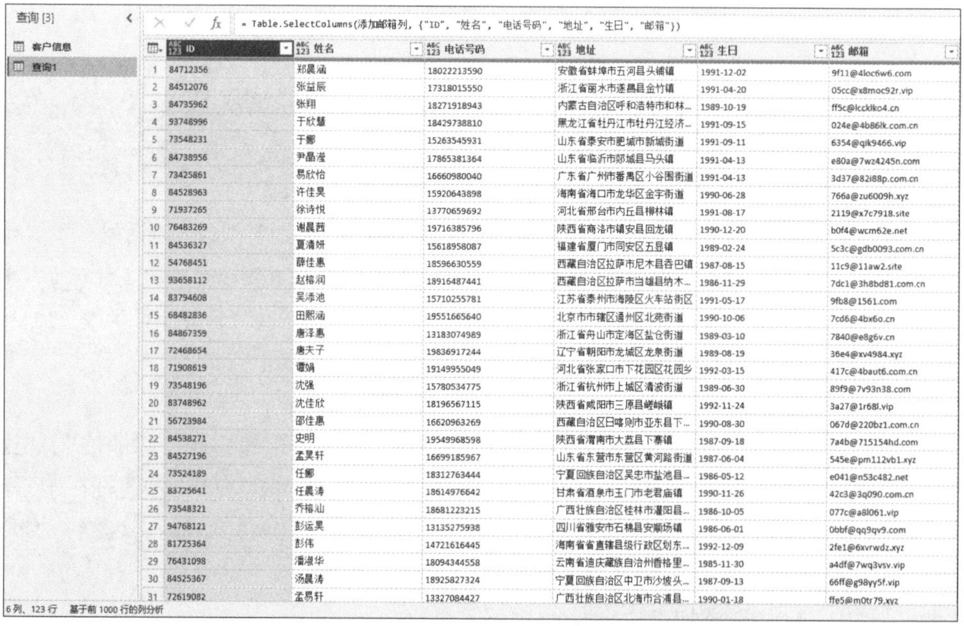

图 7-42

步骤 04 利用 AI 工具优化代码。返回 AI 工具，继续要求它优化代码。演示对话如下：

👤 请分析上述代码是否还有优化空间，谢谢。

🅰️ 上述代码通过一系列的步骤从原始记录（每条记录视为一个列表）中提取了特定信息并添加新列。虽然这段代码可以正常运行，但存在一些优化的可能性：

（1）合并添加列的操作：每个添加列的步骤都要对整个表进行一次迭代来提取特定的字段值，这会导致多次不必要的循环遍历。可以考虑将提取字段值的代码封装成自定义函数，一次性提取所有字段值后，再一次性转换成表，这样可以减少重复计算和提升性能。

```
1   let
2       // 引用数据源
3       源 = 客户信息,
4       // 自定义函数：一次性提取所有字段值
5       提取字段值 = (record as record) as record =>
6           let
7               // 将数据源的一条记录转换成列表
8               原记录 = Record.ToList(record),
9               // 从列表中按特征提取字段值
10              ID = List.First(List.Select(原记录, each Text.
                Length(_) = 8 and Value.Is(Value.FromText(_), type
                number))),
11              姓名 = List.First(List.Select(原记录, each Text.
                Length(_) >= 2 and Text.Length(_) <= 4)),
12              电话号码 = List.First(List.Select(原记录, each Text.
                StartsWith(_, "1") and Text.Length(_) = 11 and Val-
                ue.Is(Value.FromText(_), type number))),
13              地址 = List.First(List.Select(原记录, each List.
                MatchesAny({"省", "自治区", "市", "县", "镇", "乡"},
                (word) => Text.Contains(_, word)))),
14              生日 = List.First(List.Select(原记录, each Text.
                Length(_) = 10 and Text.Contains(_, "-") and Value.
                Is(Value.FromText(_), type date))),
15              邮箱 = List.First(List.Select(原记录, each Text.Con-
                tains(_, "@"))),
16              // 创建一条新记录，按顺序存储所有字段值
17              新记录 = [ID=ID, 姓名=姓名, 电话号码=电话号码, 地址=地
                址, 生日=生日, 邮箱=邮箱]
18          in
```

```
19              新记录,
20          // 将自定义函数批量应用到整个数据源的每一条记录
21          批量应用 = Table.TransformRows(源, 提取字段值),
22          // 将批量应用的结果转换成表
23          转换表 = Table.FromRecords(批量应用)
24      in
25          转换表
```

（2）增加错误处理机制：这里的代码假设每条记录的前 6 个元素中一定能找到符合规则的数据，如果有数据不满足这个条件，则代码会抛出错误。建议加入错误处理机制，以确保数据的完整性。

（3）使用正则表达式或更精确的筛选条件：对于电话号码、地址等字段的筛选，可以使用正则表达式或其他更精确的方法替代现有条件，以提高准确性和效率。

…………

步骤 05 验证优化后的代码。返回 Power Query 编辑器，新建一个空白查询，打开高级编辑器，删除默认的模板代码，将优化后的代码复制、粘贴进去，单击"完成"按钮。在数据编辑区可以看到，优化后的代码同样能完成所需操作。

AI 工具生成内容时存在一定的随机性，不能保证每次输出都是完全正确的，但这并不意味着使用 AI 工具是在"碰运气"。在实践中，我们可以通过多次重新生成、反复微调提示词、连续追问等策略来逐步逼近目标。这其中尤其重要的是提示词的构思、编写和修改，这一过程不仅是在考验我们的耐心和细心，更是在锻炼我们的逻辑思维、分析能力和表达能力。希望通过本章的学习，读者不仅能够更好地驾驭 AI 工具，还能够在更广泛的领域中实现自我成长和提升。

第8章
数据建模：定义关系

完成数据的获取、整理、清洗和结构重塑等数据准备工作后，接下来的工作流程是建立数据模型，简称"数据建模"。数据建模涉及的操作主要有两方面：一是定义数据关系，这方面操作的知识将在本章讲解；二是进行 DAX 计算，即使用 DAX 语言编写公式，创建度量值、计算列和计算表，以丰富数据模型的信息量，扩展分析的视角，相关知识将在第9章讲解。

8.1 数据建模的相关视图

数据建模的相关视图主要包括表格视图和模型视图，本节将介绍这两种视图的界面。

8.1.1 表格视图简介

表格视图用于检查、浏览和理解模型中的数据。与在 Power Query 编辑器中查看数据的方式不同，在表格视图中看到的是在将数据加载到模型之后的效果。图 8-1 所示为 Power BI Desktop 中的表格视图，各组成部分的名称和功能见表 8-1。

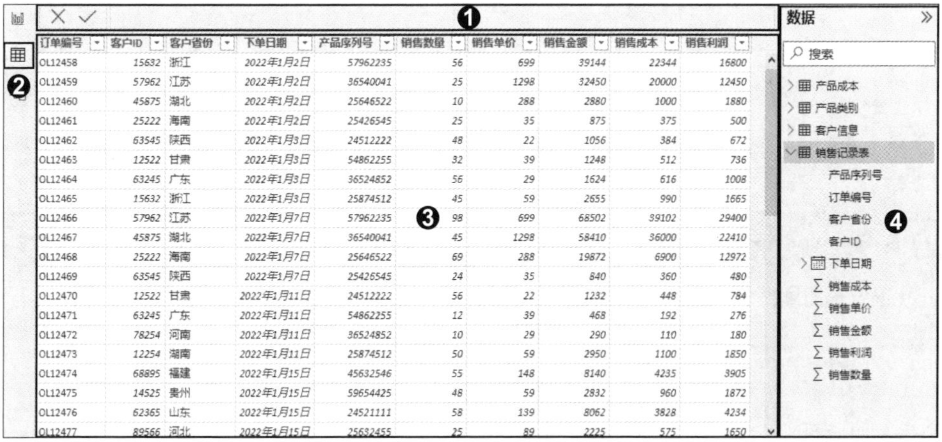

图 8-1

表 8-1

序号	名称	功能
❶	公式编辑栏	用于输入和编辑 DAX 公式
❷	表格视图图标	用于切换至表格视图
❸	数据网格	用于显示所选表中的所有列和行的内容
❹	"数据" 窗格	上方的搜索框用于在模型中搜索表或列，下方的区域用于选择要在数据网格中查看的表或列

8.1.2 模型视图简介

模型视图用于显示模型中所有的表、列和关系。当模型中包含许多关系十分复杂的表时，该视图尤其有用。图 8-2 所示为 Power BI Desktop 中的模型视图，各组成部分的名称和功能见表 8-2。

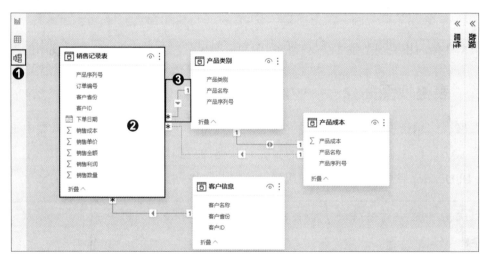

图 8-2

表 8-2

序号	名称	功能
❶	模型视图图标	用于切换至模型视图
❷	数据块	每个表占据一个数据块，在数据块中显示了表的名称及表中的列，在图 8-2 中有 4 个数据块
❸	关系线	用于连接两个表，并展示它们之间的关系，在图 8-2 中有 4 条关系线

8.2　创建和管理数据关系

为了减少数据冗余，真实世界的数据往往分散在不同的表中，每个表专注于存储特定类型的信息，如订单信息、产品信息、客户信息等。通过在这些表之间建立关系，可以将分散的信息连接成一个统一且易于分析的数据模型，让用户能够跨越单一数据表的限制，执行更复杂的关联筛选、查询和分析。

8.2.1　关系的基础知识

先来了解关系的基础知识，包括关系的基数类型和交叉筛选器方向两方面内容。

1．关系的基数类型

在 Power BI Desktop 中，每种关系均由一种基数类型定义。基数类型表示表的关联列的数据特征，共 4 种：一对多（1：*）、多对一（*：1）、一对一（1：1）、多对多（*：*）。其中，"一"表示该侧表的关联列仅包含唯一值，不允许存在重复值；"多"则表示该侧表的关联列可以存在重复值。在模型视图中，通过查看关系线两端的指示符（"1"或"*"）可以判断关系的基数类型；将鼠标指针放在关系线上方，可以突出显示关系线所关联的列。

"一对多"和"多对一"是最常见的基数类型，它们实际上是等价的，只是视角正好相反。在图 8-3 所示的例子中，"产品基本信息"和"销售记录"这两个表通过"产品序列号"列建立了关系。"产品基本信息"表是"一"端，其"产品序列号"列不允许存在重复值，因为一款产品的基本信息必须是唯一的。"销售记录"表是"多"端，其"产品序列号"列允许存在重复值，因为同一款产品可以被销售多次。如果将"产品基本信息"表视为关系的起点，"销售记录"表视为关系的终点，那么这两个表之间的关系是"一对多"；如果采用相反的视角，则这两个表之间的关系是"多对一"。

图 8-3

"一对一"意味着两个关联列都包含唯一值，也意味着一个表中的每一条记录恰好对应另一个表中的一条记录，反之亦然。由于存在冗余数据，这种基数类型并不常见。在图8-4所示的例子中，"产品基本信息"和"产品成本"这两个表通过"产品序列号"列建立了"一对一"关系。

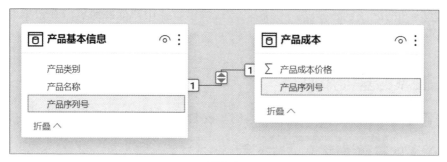

图 8-4

"多对多"意味着两个关联列都可以包含重复值。这种基数类型一般很少使用。在图 8-5 所示的例子中，"销售记录"和"发货记录"这两个表通过"订单编号"列建立了"多对多"关系。

图 8-5

2. 关系的交叉筛选器方向

交叉筛选是数据分析中的一个关键概念，指的是一个表中的筛选条件如何影响与这个表相关联的另一个表中的数据展示。在定义模型关系时，除了要选择基数类型，还要选择交叉筛选器的方向，其主要有单向和双向两种：单向是指表 A 中的筛选条件可以影响表 B，但不能反过来；双向是指两个表中的筛选条件可以互相影响。

不同基数类型所支持的交叉筛选器方向也不同，具体见表 8-3。

表 8-3

基数类型	交叉筛选器方向
一对多 / 多对一	默认设置为从"一"端单向传递到"多"端，必要时也可设置为双向传递
一对一	总是双向传递
多对多	既支持单向传递（表 A 到表 B 或表 B 到表 A），也支持双向传递

在模型视图中，可以通过观察关系线上的箭头来判断交叉筛选器方向：单箭头表示沿箭头方向的单向筛选器；双箭头表示双向筛选器。

8.2.2　自动检测创建关系

"自动检测"功能会自动检测各个表中的同名列并创建关系。该功能虽然不一定能准确和全面地创建关系，但是能帮助用户提高效率。

◎ 原始文件：实例文件＼第8章＼8.2＼8.2.2＼自动检测创建关系1.pbix
◎ 最终文件：实例文件＼第8章＼8.2＼8.2.2＼自动检测创建关系2.pbix

步骤 01 管理关系。打开原始文件，❶切换至表格视图，❷在右侧的"数据"窗格中选中某个表，❸在数据网格区域会显示表中的数据内容，❹切换至"表工具"选项卡，❺单击"关系"组中的"管理关系"按钮，如图 8-6 所示。

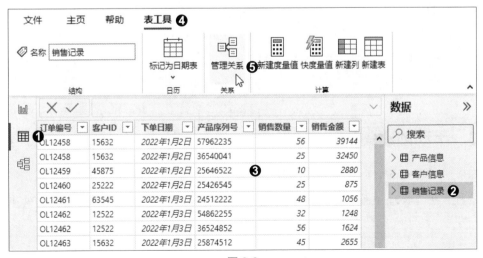

图 8-6

步骤 02 调用"自动检测"功能。弹出"管理关系"对话框，❶单击"自动检测"按钮，稍等片刻，❷弹出显示检测结果的"自动检测"对话框，❸单击"关闭"按钮，如图 8-7 所示。

步骤 03 查看自动检测到的关系。返回"管理关系"对话框，可看到自动检测到的 2 个关系，其信息包括关系所关联的表和列，如图 8-8 所示。

图 8-7

图 8-8

步骤 04 在模型视图下查看关系。关闭"管理关系"对话框，返回 Power BI Desktop 窗口，切换至模型视图，用鼠标拖动数据块的标题来调整数据块的位置，用鼠标拖动数据块的边框线来调整数据块的大小，以便清晰地展示所创建的关系，最终效果如图 8-9 所示。

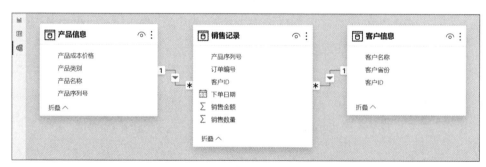

图 8-9

8.2.3 手动创建关系

如果通过事先的分析对要创建的关系已经"心中有数"，可以手动创建关系。主要方法有两种：在"管理关系"对话框中创建关系；在模型视图中用鼠标拖放关联列来创建关系。

◎ 原始文件：实例文件 \ 第8章 \ 8.2 \ 8.2.3 \ 手动创建关系1.pbix
◎ 最终文件：实例文件 \ 第8章 \ 8.2 \ 8.2.3 \ 手动创建关系2.pbix

步骤 01 打开"管理关系"对话框。打开原始文件，❶切换至模型视图，可看到与数据表对应的 3 个数据块，此时表之间还未创建关系，❷在"主页"选项卡下的"关系"组中单击"管理关系"按钮，如图 8-10 所示。

图 8-10

步骤 02 调用"新建"功能。弹出"管理关系"对话框，单击"新建"按钮，如图 8-11 所示。

图 8-11

步骤 03 定义关系。弹出"创建关系"对话框，❶选择关系中的第 1 个表及其关联列，❷选择关系中的第 2 个表及其关联列，❸设置"基数"和"交叉筛选器方向"，❹单击"确定"按钮，如图 8-12 所示。

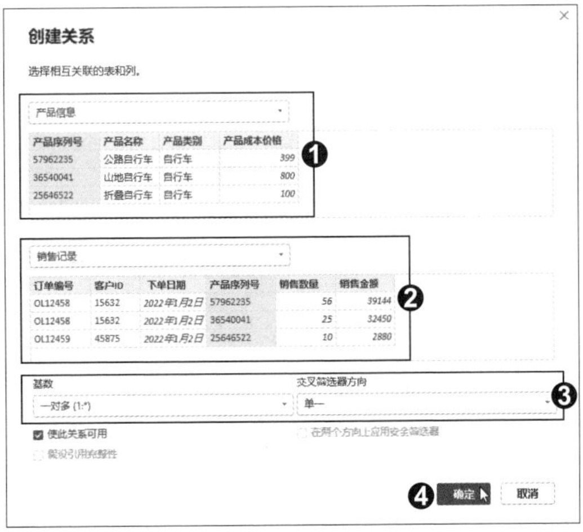

图 8-12

步骤 04 完成关系的创建。返回"管理关系"对话框，❶查看创建的关系，❷单击"关闭"按钮，如图 8-13 所示。返回 Power BI Desktop 窗口，可在模型视图中看到表之间的关系线。

图 8-13

步骤 05 拖动关联列。继续通过拖动关联列来创建关系，这里将"销售记录"表中的"客户 ID"列拖动到"客户信息"表中的"客户 ID"列上，如图 8-14 所示。

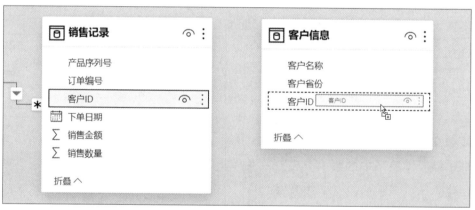

图 8-14

步骤 06 设置关系的参数。松开鼠标，❶这两个表之间会生成关系线，❷同时窗口右侧会展开"属性"窗格，显示此关系的参数，如果参数不正确，可进行修改，❸然后单击"应用更改"按钮，完成此关系的创建，如图 8-15 所示。

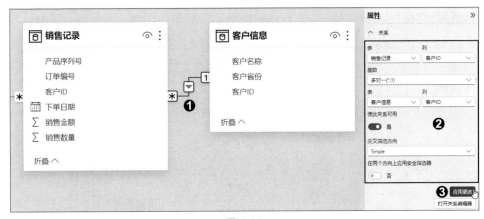

图 8-15

8.2.4　编辑和删除关系

对于错误或无效的关系，可以在模型视图中进行编辑和删除。

 ◎ 原始文件：实例文件＼第8章＼8.2＼8.2.4＼编辑和删除关系1.pbix
◎ 最终文件：实例文件＼第8章＼8.2＼8.2.4＼编辑和删除关系2.pbix

步骤 01 查看关系。打开原始文件，切换至模型视图，可以看到"销售记录"表和"客户信息"表之间的关系是"多对一"，交叉筛选器方向是双向，如图 8-16 所示。

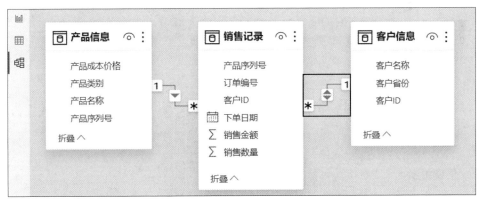

图 8-16

步骤 02 编辑关系。假设要将此关系的交叉筛选器方向修改为单向，则双击此关系线，弹出"编辑关系"对话框，❶在"交叉筛选器方向"下拉列表框中选择"单一"选项，❷单击"确定"按钮，如图 8-17 所示。随后可以看到模型视图中关系线上的箭头已由双向变为单向。

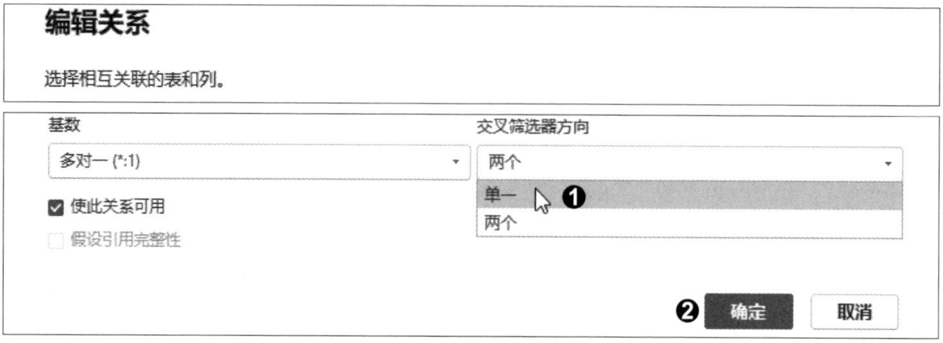

编辑关系

选择相互关联的表和列。

基数

多对一 (*:1)

☑ 使此关系可用

☐ 假设引用完整性

交叉筛选器方向

两个

单一 ❶

两个

❷ 确定   取消

图 8-17

步骤 03 删除关系。假设出于某种原因不再需要此关系，❶单击此关系线以将其选中，然后按〈Delete〉键，❷在弹出的"删除关系"对话框中单击"是"按钮，如图 8-18 所示。随后可以看到模型视图中的关系线已经消失，这里不再展示。

图 8-18

💡 提示

利用"管理关系"对话框中的"编辑"和"删除"按钮，也可以编辑和删除关系，如图 8-19 所示。

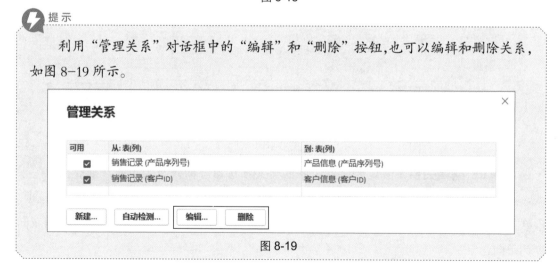

图 8-19

第9章
数据建模：DAX 计算

在 Power BI 中进行数据建模时，完成数据关系的定义后，往往还需要运用 DAX 语言创建度量值、计算列、计算表等计算对象，以扩展和深化对数据的理解与利用，让用户能够从更多的角度去探索和解读数据，从而得到更加精准和深入的见解。本章将讲解 DAX 语言的基础知识和 DAX 公式的基本应用，以及如何借助 AI 工具高效地完成 DAX 计算。

9.1 DAX 语言的基础知识

DAX 的全称是 Data Analysis Expressions，中文译为"数据分析表达式"。顾名思义，它是一种专为数据分析而设计的公式语言。

1. DAX 的基本语法

下面以如图 9-1 所示的 DAX 公式为例介绍 DAX 的基本语法知识。该公式的含义比较简单：首先分别计算总金额和总成本，再将两者相减得到总利润，最后计算总利润的 8% 作为销售提成。公式中各语法元素的说明见表 9-1。

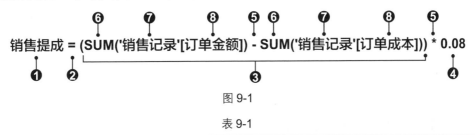

图 9-1

表 9-1

序号	语法元素
❶	计算对象（如度量值、计算列、计算表等）的名称，这里为"销售提成"
❷	等号，表示公式的开头，完成计算后会返回结果

续表

序号	语法元素
❸	括号，用于改变运算的顺序
❹	常量，这里为数值 0.08，表示提成比例为 8%
❺	运算符，这里使用了减法运算符 "-" 和乘法运算符 "*" 进行算术运算
❻	DAX 函数，这里使用了 SUM 函数分别对 "销售记录" 表中的 "订单金额" 列和 "订单成本" 列进行求和。大多数函数需要至少一个参数，少部分函数（如 PI 函数）没有参数，但不管有没有参数，在调用函数时都不可省略函数名后的括号
❼	引用的表，这里引用了 "销售记录" 表。当表名包含空格、保留关键字、特殊字符或非 ANSI 字母数字字符（如汉字）时，必须用英文单引号将表名括起来
❽	引用的列，这里引用了 "订单金额" 列和 "订单成本" 列。列名必须用英文方括号括起来。引用当前表中的列时，可省略列名前的表名。建议始终在列名前加上表名，以提高公式的可读性和稳定性

DAX 公式在语法上非常接近 Excel 公式，但两者仍然存在许多差异，初学者应注意避免混淆。例如，Excel 公式中数据操作的最小单位是单个单元格，而 DAX 公式中数据操作的最小单位是列。许多 DAX 函数是从 Excel 函数移植过来的，在名称和功能上非常相似，但在参数和返回值的数据类型上已经发生变化。

2．DAX 的函数

DAX 语言的强大功能很大程度上是由其丰富的函数库支撑起来的。DAX 函数的数量很多，并且随着软件的更新还在不断增加。本书出于篇幅原因不做详细讲解，而是建议读者参考 7.1.2 节介绍的方法，在 AI 工具的帮助下，通过查阅官方文档（https://learn.microsoft.com/zh-cn/dax/）来学习 DAX 函数的用法，然后在实践中逐步理解和掌握。

3．DAX 的上下文

上下文是 DAX 中的一个核心概念，它决定了 DAX 公式的计算环境，即公式基于哪些数据进行计算。理解上下文如何影响计算结果是编写高效 DAX 公式的关键。上下文主要分为行上下文和筛选上下文。

行上下文特指对表中的每一行数据进行计算时所处的环境，主要在创建计算列或迭代表中数据时出现。行上下文为公式提供了一个 "当前行" 的概念。例如，在创建计算列的公式中引用某一列时，实际上是在针对当前行的那一列的值进行操作。

筛选上下文决定了当前数据集中的哪些行是可见的，其主要作用是动态地缩小数据集，确保只有符合特定条件的数据子集才能参与计算。筛选上下文是由图表坐标轴、透视表的行标签和列标签、切片器、筛选器函数、数据关系等因素共同构建的计算环境。

行上下文和筛选上下文的协同合作使得 DAX 能够游刃有余地应对各种数据分析场景。本章的后续内容会结合具体案例帮助读者理解这两种上下文。

9.2　AI 辅助 DAX 计算

实践是一种行之有效的学习方法。本节将通过一些案例带领读者编写 DAX 公式，创建计算列、计算表和度量值。这些案例看似简单，但是能很好地帮助初学者理解 DAX 的核心知识。在操作过程中会适时引入 AI 工具，辅助进行 DAX 公式的编写和解读。

9.2.1　创建计算列

计算列是在现有数据表中新增的一列，其每一个单元格的值都是通过 DAX 公式计算得出的。这些计算通常是基于表中其他列的值进行的，如对文本进行拼接、对数值进行数学运算或逻辑判断等。计算列一旦创建，每个数据行都会有一个对应的计算结果，且这些结果是静态的，不会随着筛选或交互而改变。

当定义计算列时，DAX 公式从表的第 1 行开始迭代，创建一个包含该行的行上下文并计算表达式；然后移至第 2 行，再次创建一个包含该行的行上下文并计算表达式；依此类推，直至完成所有行的迭代和计算。

◎ 原始文件：实例文件 \ 第9章 \ 9.2 \ 9.2.1 \ 创建计算列1.pbix
◎ 最终文件：实例文件 \ 第9章 \ 9.2 \ 9.2.1 \ 创建计算列2.pbix

步骤 01　查看数据模型。打开原始文件，分别在表格视图和模型视图下查看数据模型中的表内容（见图 9-2）和表关系（见图 9-3）。可以看到，"产品信息"表和"销售记录"表通过"产品 ID"列建立了一个"一对多"的单向关系。现在需要在"销售记录"表中统计每一条销售记录的销售金额、销售成本、销售毛利，在"产品信息"表中统计每一种产品的销售金额。

图 9-2   图 9-3

步骤 02 调用"新建列"功能。❶在表格视图下的"数据"窗格中选中"销售记录"表，**❷**在"表工具"选项卡下的"计算"组中单击"新建列"按钮，如图 9-4 所示。随后数据网格中会新增一个空白列，同时公式编辑栏会进入编辑状态。

图 9-4

步骤 03 输入计算销售金额的公式。销售金额的计算方法比较简单，将每一行中"销售数量"列的值乘以"销售价格"列的值即可。删除公式编辑栏中的模板代码，**❶**输入计算列的名称"销售金额"，**❷**然后输入代表公式开头的等号（建议在其前后各输入一个空格），**❸**接着输入英文单引号，插入点下方会自动展开一个下拉列表，其中显示了可引用的表和列，**❹**用〈↑〉键和〈↓〉键在列表中上下移动，选中"'销售记录'[销售数量]"选项后按〈Tab〉键，**❺**该选项即被自动添加到公式中，**❻**用相同的方法输入公式的剩余部分，按〈Enter〉键确认，**❼**数据网格中会显示公式中定义的"销售金额"列和列中每个单元格的计算结果，如图 9-5 所示。

步骤 04 设置计算列的显示格式。❶保持选中"销售金额"列，**❷**利用"列工具"选项卡下"格式化"组中的下拉列表框和按钮等将该列的显示格式设置成货币格式，如图 9-6 所示。

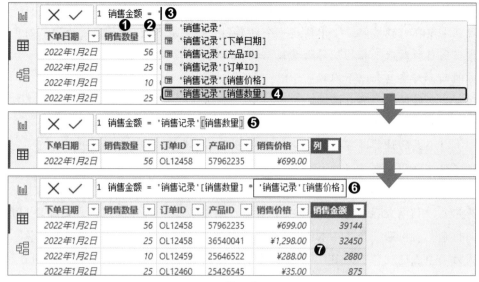

图 9-5

图 9-6

步骤 05 借助 AI 工具编写销售成本的计算公式。销售成本的计算方法是用销售数量乘以成本价格，这两个值分别位于不同的表中，计算过程涉及跨表查询，对于初学者来说稍显复杂。这里借助 AI 工具编写公式，演示对话如下：

我需要你扮演一名 Power BI 专家，为初学者编写和讲解 DAX 公式。

现有两个数据表"销售记录"和"产品信息"，"销售记录"中的每一行对应一笔订单中的一种产品的销售数据。"产品信息"中的每一行对应一种产品的信息。表中的列如下：

销售记录：订单 ID、产品 ID、销售数量、销售价格

产品信息：产品 ID、产品成本价格

这两个表之间是"多对一"的单向关系，"销售记录"是"多"端，"产品信息"是"一"

端，关联列是"产品ID"。

现在需要在"销售记录"中创建一个计算列"销售成本"，计算方法为用"销售记录"中当前行所对应产品的销售数量乘以该产品的产品成本价格。

你的回答需要包含以下内容：

（1）公式的编写思路。

（2）编写出的具体公式。

（3）对公式的计算过程的拆解分析，包括用到的函数、涉及的上下文知识等。

AI 很高兴帮助您编写和讲解DAX公式。

（1）公式的编写思路：

为了在"销售记录"表中创建一个名为"销售成本"的计算列，我们需要引用"产品信息"表中的"产品成本价格"，并将其与"销售记录"表中的"销售数量"相乘。因为两个表通过"产品ID"建立了关系，所以我们可以在DAX公式中利用这种关系来达到目的。

（2）编写出的具体公式：

```
1    销售成本 = '销售记录'[销售数量] * RELATED('产品信息'[产品成本价格])
```

（3）对公式的计算过程的拆解分析：

① RELATED函数：该函数用于在建立关系的两个表之间进行查找。该函数只有一个参数，其指定了对一列的引用，然后沿着一连串的"一对多"关系链，从相关表中获取指定列的值。如果这样的关系不存在，该函数会报错。该函数需要在一个行上下文中操作，因而只能用在计算列表达式中。

② 上下文知识：在DAX中，计算发生在特定的上下文中。在这个例子中，当我们为"销售记录"表创建计算列时，每一行都是计算的上下文。这意味着对于"销售记录"表中的每一行，RELATED函数都会根据当前行上下文中的键（这里是"销售记录"表中的"产品ID"）去查找相关表（这里是"产品信息"表）中的相应行，并取出"产品成本价格"。

③ 计算逻辑：整个公式的工作流程是这样的，对于"销售记录"表中的每一行，先通过当前行的"产品ID"使用RELATED函数找到"产品信息"表中匹配的行，取出匹配行的"产品成本价格"，然后将其与当前行的"销售数量"相乘，得到的结果就是当前行的"销售成本"。

 提示

提示词的编写有如下要点和注意事项：

（1）需要明确指定计算对象的类型，即创建的是计算列、计算表，还是度量值。

（2）需要提供表的结构和列的信息。如果列比较多，可以略去与当前任务无关的列。

（3）如果数据模型中有多个相关的表，需要描述它们之间的关系，包括关系的类型、方向和关联列。

步骤 06 验证 AI 工具编写的销售成本计算公式。返回 Power BI Desktop，按照步骤 02 介绍的方法在"销售记录"表中调用"新建列"功能，然后将 AI 工具编写的公式复制、粘贴到公式编辑栏中，按〈Enter〉键确认，即可在数据网格中看到创建的"销售成本"列，然后适当设置该列的显示格式，效果如图 9-7 所示。

步骤 07 计算销售毛利。用相同的方法创建"销售毛利"列，相关公式和计算效果如图 9-8 所示。"销售记录"表中的所需计算就全部完成了。

下单日期	销售数量	订单ID	产品ID	销售价格	销售金额	销售成本
2022年1月2日	56	OL12458	57962235	¥699.00	¥39,144.00	¥22,344.00
2022年1月2日	25	OL12458	36540041	¥1,298.00	¥32,450.00	¥20,000.00
2022年1月2日	10	OL12459	25646522	¥288.00	¥2,880.00	¥1,000.00
2022年1月2日	25	OL12460	25426545	¥35.00	¥875.00	¥375.00
2022年1月3日	48	OL12461	24512222	¥22.00	¥1,056.00	¥384.00
2022年1月3日	32	OL12462	54862255	¥39.00	¥1,248.00	¥512.00

销售成本 = '销售记录'[销售数量] * RELATED('产品信息'[产品成本价格])

图 9-7

下单日期	销售数量	订单ID	产品ID	销售价格	销售金额	销售成本	销售毛利
2022年1月2日	56	OL12458	57962235	¥699.00	¥39,144.00	¥22,344.00	¥16,800.00
2022年1月2日	25	OL12458	36540041	¥1,298.00	¥32,450.00	¥20,000.00	¥12,450.00
2022年1月2日	10	OL12459	25646522	¥288.00	¥2,880.00	¥1,000.00	¥1,880.00
2022年1月2日	25	OL12460	25426545	¥35.00	¥875.00	¥375.00	¥500.00
2022年1月3日	48	OL12461	24512222	¥22.00	¥1,056.00	¥384.00	¥672.00
2022年1月3日	32	OL12462	54862255	¥39.00	¥1,248.00	¥512.00	¥736.00

销售毛利 = '销售记录'[销售金额] - '销售记录'[销售成本]

图 9-8

步骤 08 借助 AI 工具编写销售金额的计算公式。接下来需要在"产品信息"表中统计每一种产品的销售金额，同样可以借助 AI 工具编写公式。返回 AI 工具，基于之前的对话进行追问，具体如下：

现在需要在"产品信息"表中创建一个计算列"销售金额"，列中的值为"产品信息"

表中每一行对应产品的销售金额合计值，计算销售金额所需的销售数量和销售价格明细值来自"销售记录"表。你的回答需要包含的内容与之前相同。

AI（1）公式的编写思路：

这次的需求是在"产品信息"表中创建一个汇总计算列，用于显示每个产品的总销售金额。这涉及从"多"端的"销售记录"表汇总数据到"一"端的"产品信息"表。我们将使用 DAX 中的汇总函数，并通过定义好的表间关系来实现这一跨表汇总计算。

（2）编写出的具体公式：

```
1   销售金额 = SUMX(RELATEDTABLE('销售记录'), '销售记录'[销售数量] *
    '销售记录'[销售价格])
```

（3）对公式的计算过程的拆解分析：

① SUMX 函数：该函数能对一个表中的每一行执行由一个表达式所定义的计算，并对所有结果求和。它是进行汇总计算时的常用工具。

② RELATEDTABLE 函数：该函数能基于定义的表间关系返回与当前行相关的"多"端表的所有行。在这里，它帮助我们获取与"产品信息"表中当前行的产品 ID 所匹配的"销售记录"表中的所有行。

③上下文知识：RELATEDTABLE 函数会执行从行上下文到筛选上下文的上下文转换，表达式的求值将在生成的筛选上下文中进行。

④计算逻辑：对于"产品信息"表中的每一行，首先"RELATEDTABLE('销售记录')"会基于从当前行转换而来的筛选上下文去"销售记录"表中筛选所有匹配的行。然后，SUMX 函数会遍历这些行，对每一行计算一次表达式"'销售记录'[销售数量] * '销售记录'[销售价格]"，得到该行的销售金额。随后，SUMX 函数将这些计算结果全部加总，得到该产品的总销售金额，并将其作为计算列的值。

步骤 09 验证 AI 工具编写的销售金额计算公式。返回 Power BI Desktop，按照步骤02 介绍的方法在"产品信息"表中调用"新建列"功能，然后将 AI 工具编写的公式复制、粘贴到公式编辑栏中，按〈Enter〉键确认，即可在数据网格中看到创建的"销售金额"列，然后适当设置该列的显示格式，效果如图 9-9 所示。至此，本案例的计算就全部完成了。

产品名称	产品类别	产品成本价格	产品ID	销售金额
公路自行车	自行车	¥399.00	57962235	¥107,646.00
山地自行车	自行车	¥800.00	36540041	¥90,860.00
折叠自行车	自行车	¥100.00	25646522	¥22,752.00
自行车车灯	配件	¥15.00	25426545	¥1,715.00

图 9-9

9.2.2　创建计算表

计算表与直接从数据源导入的表不同，它是基于数据模型中现有表的数据，按照 DAX 公式中定义的一系列规则和计算逻辑生成的全新的表。计算表常用于创建衍生表或汇总表，并且能与数据模型中的其他表建立关系，以支持进一步的数据分析和可视化。

◎ 原始文件：实例文件 \ 第9章 \ 9.2 \ 9.2.2 \ 创建计算表1.pbix
◎ 最终文件：实例文件 \ 第9章 \ 9.2 \ 9.2.2 \ 创建计算表2.pbix

步骤 01 查看数据模型。打开原始文件，分别在表格视图和模型视图下查看数据模型中的表内容和表关系。本案例的原始文件与 9.2.1 节的原始文件完全相同，故不再赘述。现在需要在"销售记录"表中为每一条销售记录添加来自"产品信息"表的产品信息，如产品名称、产品类别等，然后按产品类别分类汇总统计销售金额。

步骤 02 重命名列。在"销售记录"表中为每一条销售记录添加来自"产品信息"表的产品信息，实际上是将两个表连接成一个表。DAX 中用于连接表的函数有 NATURALINNERJOIN、NATURALLEFTOUTERJOIN、CROSSJOIN 等，本案例的情况应使用 NATURALLEFTOUTERJOIN 函数。因为本案例两个关联列的名称均为"产品 ID"，连接后会出现命名冲突，所以需要先将其中一列修改为不同的名称。这里选择将"产品信息"表中的"产品 ID"列重命名为"产品 Key"。在"数据"窗格中双击该列，进入编辑状态后修改列名，按〈Enter〉键确认即可。

步骤 03 利用"新建表"功能创建计算表。❶在"表工具"选项卡下的"计算"组中单击"新建表"按钮，❷在公式编辑栏中输入公式"销售记录汇总 = NATURALLE-FTOUTERJOIN(' 销售记录 ', ' 产品信息 ')"，按〈Enter〉键确认，稍等片刻，❸"数据"窗格中会显示创建的"销售记录汇总"表，❹数据网格中则会显示连接后的数据内容，如图 9-10 所示。

提示

> 　NATURALLEFTOUTERJOIN 函数的两个参数分别称为左表和右表。该函数的主要功能是将两个表根据它们的关联列进行左外连接，即返回左表的所有行，并且包含在右表中找到的匹配行，如果某一行在右表中没有匹配行，则该行中对应右表的列将填充为空值。

图 9-10

步骤 04 借助 AI 工具编写公式。接下来需要对"销售记录汇总"表按产品类别分类汇总统计销售金额。这里借助 AI 工具编写公式，演示对话如下：

> 我需要你扮演一名 Power BI 专家，为初学者编写和讲解 DAX 公式。
>
> 现有一个数据表"销售记录汇总"，表中的列有：产品类别、销售数量、销售价格。
>
> 现在需要创建一个计算表"各类产品销售金额合计"，其数据内容是对"销售记录汇总"表按产品类别分类汇总统计销售金额。
>
> 你的回答需要包含以下内容：
>
> （1）公式的编写思路。
>
> （2）编写出的具体公式。
>
> （3）对公式的计算过程的拆解分析，包括用到的函数、计算逻辑等。

AI 很高兴帮助您编写和讲解 DAX 公式。

（1）公式的编写思路：

这个公式的编写思路可以分成两部分：首先，按产品类别对数据进行分组；然后，对于每个组，计算其销售金额的总和，这里的销售金额通过销售数量乘以销售价格得到。

（2）编写出的具体公式：

我们将使用 DAX 中的汇总函数，并通过定义好的表间关系来实现这一跨表汇总计算。

（2）编写出的具体公式：

```
1    各类产品销售金额合计 =
2    SUMMARIZECOLUMNS(
3        '销售记录汇总'[产品类别],
4        "销售金额合计",
5        SUMX(
6            '销售记录汇总',
7            '销售记录汇总'[销售数量] * '销售记录汇总'[销售价格]
```

```
8        )
9    )
```

（3）对公式的计算过程的拆解分析：

① SUMMARIZECOLUMNS 函数：该函数用于生成一个表，该表的每一行代表一个唯一的组合，并且可以包含对这些组合进行的聚合计算结果。在这个例子中，第 1 个参数代表分组所依据的列，第 2 个参数代表存放聚合计算结果的列的名称，第 3 个参数代表聚合计算的表达式。

② SUMX 函数：该函数能对一个表中的每一行执行由一个表达式所定义的计算，并对所有结果求和。

③计算逻辑：首先，SUMMARIZECOLUMNS 函数会找出"产品类别"列所有的唯一值，作为分组的依据；然后，SUMMARIZECOLUMNS 函数会遍历每个唯一的产品类别，为 SUMX 函数创造一个筛选上下文，使得 SUMX 函数只能"看到"属于当前产品类别的行，虽然 SUMX 函数内部没有直接提及产品类别，但它计算的每一步都自动受限于外部已经设定好的类别筛选条件；最后，在 SUMX 函数内部，对属于当前产品类别的每一行计算一次表达式"'销售记录汇总'[销售数量] * '销售记录汇总'[销售价格]"，得到该行的销售金额，随后将这些计算结果全部加总，得到该产品类别的总销售金额，并将其作为"销售金额合计"列的值。

步骤 05 验证 AI 工具编写的公式。返回 Power BI Desktop，按照步骤 03 介绍的方法调用"新建表"功能，然后将 AI 工具编写的公式复制、粘贴到公式编辑栏中，按〈Enter〉键确认，即可看到创建的"各类产品销售金额合计"表，如图 9-11 所示。至此，本案例的计算就全部完成了。

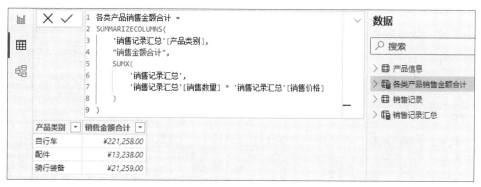

图 9-11

> **提示**
>
> 本案例中先显式地连接两个表，再进行汇总统计的操作是出于教学目的而设计的，在实践中并不常见，这是因为数据模型中的关系提供了足够的信息，使许多 DAX 函数不需要显式连接操作即可工作。大多数情况下，表之间的连接是隐式和自动的。

9.2.3　创建度量值

对于能够熟练使用 Excel 处理数据的用户来说，计算列和计算表比较符合他们的思考模式和操作习惯。但是，这两种计算对象缺乏动态性，一旦计算完成，其结果便固定下来，无法根据交互筛选自动更新；同时，它们还会增加数据模型的存储负担，尤其是在处理大量数据的情况下。

度量值也是用 DAX 公式生成的计算对象，通常是一个单一的聚合值，如总和、平均值、计数值等。它不会改变原始数据，也不会在数据模型中永久占用存储空间，仅在需要时进行动态计算，从而弥补了计算列和计算表的不足。

度量值是实现高级数据分析不可或缺的工具，它能够即时响应用户选择的筛选条件，确保分析结果的准确性和时效性，并大大增强报表的交互性。

度量值需要定义在某个表中，但它与数据模型中的任何一个表都不存在从属关系。用户可以自由地在不同的表之间移动度量值，而不会影响度量值的正常使用。在 DAX 公式中引用度量值时，建议不在其前方添加表名，以增强 DAX 公式的稳定性和可读性。

◎ 原始文件：实例文件 \ 第9章 \ 9.2 \ 9.2.3 \ 创建度量值1.pbix
◎ 最终文件：实例文件 \ 第9章 \ 9.2 \ 9.2.3 \ 创建度量值2.pbix

步骤 01　查看数据模型。打开原始文件，分别在表格视图和模型视图下查看数据模型中的表内容和表关系。本案例的原始文件与 9.2.1 节的原始文件完全相同，故不再赘述。现在需要按产品类别分类汇总统计销售金额。这项任务可以通过创建度量值并将其应用到视觉对象上来完成。

步骤 02　创建空表。为便于管理和使用度量值，先创建一个空表，用来存放度量值。在"主页"选项卡下的"数据"组中单击"输入数据"按钮，弹出"创建表"对话框，不输入任何数据，仅输入表的名称"度量值表"，单击"加载"按钮，随后可在"数据"窗格中看到该表。

步骤 03 创建度量值"销售金额 1"。❶在"数据"窗格中选中"度量值表"，❷在"表工具"选项卡下的"计算"组中单击"新建度量值"按钮，❸在公式编辑栏中输入公式"销售金额 1 = CALCULATE(SUMX(' 销售记录 ', ' 销售记录 '[销售数量] * ' 销售记录 '[销售价格]))"，按〈Enter〉键确认，稍等片刻，❹"数据"窗格中会显示该度量值，如图 9-12 所示。❺在"度量工具"选项卡下的"格式化"组中设置该度量值的显示格式，如图 9-13 所示。

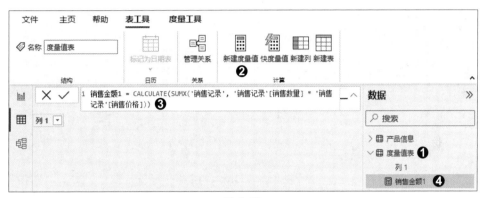

图 9-12

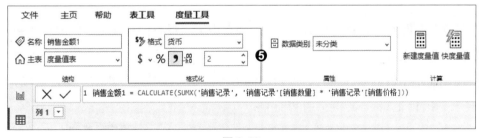

图 9-13

> ⚡ 提示
>
> 　　CALCULATE 函数的主要功能是先基于一个或多个筛选器修改上下文，然后在修改后的上下文中计算表达式。该函数常常与聚合函数组合使用，如这里的 SUMX 函数。
>
> 　　这个公式没有为 CALCULATE 函数指定筛选器，它会默认利用当前上下文进行计算。在 Power BI 中，这个上下文可以由多种因素决定，如报表页面上的视觉对象设置的筛选器等。

步骤 04 在视觉对象上应用度量值"销售金额 1"。前面说过，度量值仅在需要时进行动态计算，因而在数据网格中不会显示它的计算结果。下面将度量值"销售金额 1"应

用于不同的视觉对象，以展示其动态性。切换至报表视图，❶在"可视化"窗格中选中
"卡片"视觉对象，❷将"数据"窗格中的度量值"销售金额1"拖动至该视觉对象的"字
段"区域，如图9-14所示。❸在"可视化"窗格中选中"矩阵"视觉对象（其功能类似
于数据透视表），❹将"数据"窗格中"产品信息"表的"产品类别"列拖动至该视觉对
象的"行"区域，❺将"数据"窗格中的度量值"销售金额1"拖动至该视觉对象的"值"
区域，如图9-15所示。

图 9-14

图 9-15

步骤05 查看视觉对象的效果。在报表画布中适当设置两个视觉对象的格式和位置，
效果如图9-16所示。对比两个视觉对象，可以直观地感受到度量值的动态性和灵活性：
对于仅能显示单个值的卡片来说，度量值的上下文是未经筛选的销售记录，所以计算结
果是整个"销售记录"表的总销售金额；
对于矩阵来说，度量值的上下文是每一行
所对应的那一类产品的销售记录，所以每
一行的计算结果是当前产品类别的总销售
金额。

图 9-16

步骤06 创建度量值"销售金额2"。在CALCULATE函数中可以指定筛选器。用相
同的方法新建度量值"销售金额2"，其公式为"销售金额2 = CALCULATE([销售金额
1], FILTER('销售记录', '销售记录'[销售数量] >= 50))"，其中引用了度量值"销售金额
1"，并添加了利用FILTER函数创建的筛选器"FILTER('销售记录', '销售记录'[销售数
量] >= 50)"，表示筛选销售数量大于或等于50的销售记录。将该度量值添加到矩阵的
"行"区域，应用效果如图9-17所示。

步骤 07 创建度量值"销售金额 3"。在 CALCULATE 函数中还可以删除筛选器。用相同的方法新建度量值"销售金额 3"，其公式为"销售金额 3 = CALCULATE([销售金额 1], ALL(' 销售记录 '))"，其中利用 ALL 函数忽略应用到"销售记录"表上的所有筛选器。将该度量值添加到矩阵的"行"区域，应用效果如图 9-18 所示。可以看到矩阵中的产品类别筛选器对该度量值已经不起作用。

	产品类别	销售金额1	销售金额2
5,755.00	配件	¥13,238.00	¥5,806.00
销售金额1	骑行装备	¥21,259.00	¥16,202.00
	自行车	¥221,258.00	¥127,518.00
	总计	¥255,755.00	¥149,526.00

图 9-17

产品类别	销售金额1	销售金额2	销售金额3
配件	¥13,238.00	¥5,806.00	¥255,755.00
骑行装备	¥21,259.00	¥16,202.00	¥255,755.00
自行车	¥221,258.00	¥127,518.00	¥255,755.00
总计	¥255,755.00	¥149,526.00	¥255,755.00

图 9-18

步骤 08 创建度量值"销售金额占比"。利用度量值"销售金额 1"和"销售金额 3"可以计算各类产品的销售金额占比。用相同的方法新建度量值"销售金额占比"，其公式为"销售金额占比 = DIVIDE([销售金额 1], [销售金额 3], 0)"，其中的除法运算没有使用"/"运算符，而是使用 DIVIDE 函数，因为该函数能较好地处理除数为 0 的情况。在"度量工具"选项卡下的"格式化"组中设置该度量值的显示格式为百分比格式，然后将该度量值添加到矩阵的"行"区域，应用效果如图 9-19 所示。

产品类别	销售金额1	销售金额2	销售金额3	销售金额占比
配件	¥13,238.00	¥5,806.00	¥255,755.00	5.18%
骑行装备	¥21,259.00	¥16,202.00	¥255,755.00	8.31%
自行车	¥221,258.00	¥127,518.00	¥255,755.00	86.51%
总计	¥255,755.00	¥149,526.00	¥255,755.00	100.00%

图 9-19

> **提示**
>
> 在"数据"窗格中，可以借助图标来分辨计算列（▦）、计算表（▦）、度量值（▦）。

第10章
数据可视化：报表设计

前面讲解的数据的获取、整理和建模都是在为数据可视化做准备。数据可视化能够帮助企业有效地简化庞杂的数据，快速挖掘出有价值的信息，合理地分析现状和预测未来，从而做出科学的经营决策。本章主要讲解如何在 Power BI Desktop 中设计数据可视化报表。

▌ 10.1 报表的创建

1.4 节提到过，报表是视觉对象的集合，因此，创建报表要从制作视觉对象开始。Power BI Desktop 中预置了类型丰富的视觉对象，用户还可以通过安装自定义视觉对象来扩充视觉对象的类型。

10.1.1 添加预置的视觉对象

Power BI Desktop 中预置的视觉对象包括柱形图、条形图、折线图、饼图、环形图、散点图、气泡图、卡片图、矩阵、仪表等。每种视觉对象有各自的特点和适用范围，在实际工作中要根据具体需求来选择。下面介绍在报表中添加预置视觉对象的基本方法。

◎ 原始文件：实例文件 \ 第10章 \ 10.1 \ 10.1.1 \ 添加预置的视觉对象1.pbix
◎ 最终文件：实例文件 \ 第10章 \ 10.1 \ 10.1.1 \ 添加预置的视觉对象2.pbix

步骤 01 创建视觉对象。打开原始文件，❶在 Power BI Desktop 窗口右侧的"数据"窗格中勾选要用视觉对象展示的字段，如"1月"表中的"商品名称"和"销售金额"，❷在"可视化"窗格中单击要创建的视觉对象，如"簇状条形图"，如图 10-1 所示。随后可在报表画布中看到创建的视觉对象，❸将鼠标指针放在视觉对象右下角，当鼠标指针变为 ↖ 形状时，按住鼠标左键不放向外拖动，如图 10-2 所示。拖动到合适的大小后释放鼠标左键，即可调整视觉对象的大小。

图 10-1

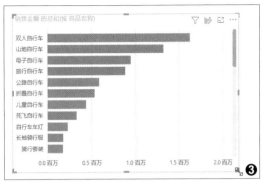

图 10-2

步骤 02 继续创建视觉对象。继续在"数据"窗格中勾选字段，在"可视化"窗格中
选择视觉对象，制作出如图 10-3 所示的页面效果。

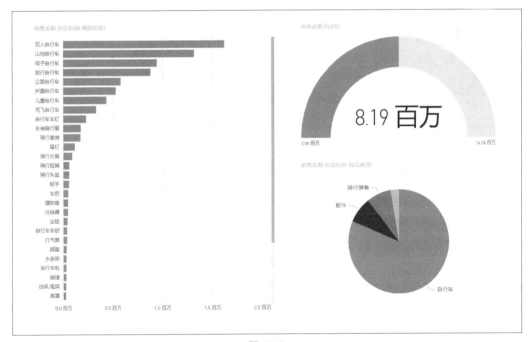

图 10-3

步骤 03 新建页并创建视觉对象。❶在窗口底部的页面选项卡中单击"新建页"按钮，
如图 10-4 所示。随后会在窗口中新建一个报表页，❷在窗口右侧的"数据"窗格中勾选要
用视觉对象展示的字段，如"2 月"表中的"商品名称"和"销售利润"，❸在"可视化"
窗格中单击"树状图"，如图 10-5 所示。

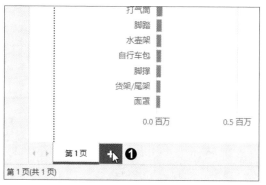

图 10-4

图 10-5

步骤 04 查看视觉对象。随后在新报表页的画布中可以看到新建的树状图，适当调整视觉对象的大小，并重命名报表页，最终效果如图 10-6 所示。

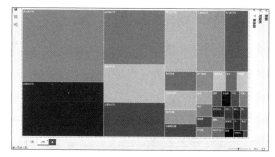

图 10-6

10.1.2　安装自定义视觉对象

如果预置的视觉对象不能满足需求，可以通过安装自定义视觉对象来获得更丰富的可视化效果。下面介绍安装自定义视觉对象的两种常用途径。

1．从 AppSource 安装视觉对象

◎ 原始文件：实例文件＼第10章＼10.1＼10.1.2＼从AppSource安装视觉对象1.pbix
◎ 最终文件：实例文件＼第10章＼10.1＼10.1.2＼从AppSource安装视觉对象2.pbix

步骤 01 获取更多视觉对象。打开原始文件，❶在"可视化"窗格中单击"获取更多视觉对象"按钮，❷在展开的列表中单击"获取更多视觉对象"选项，如图 10-7所示。

图 10-7

步骤 02 选择要安装的视觉对象。打开"Power BI 视觉对象"对话框，❶切换至"AppSource 视觉对象"选项卡，❷在"筛选条件"下拉列表框中选择视觉对象的分类，这里保持默认的"所有"分类，在下方滚动浏览视觉对象，❸找到并单击要安装的视觉对象，如图 10-8 所示。

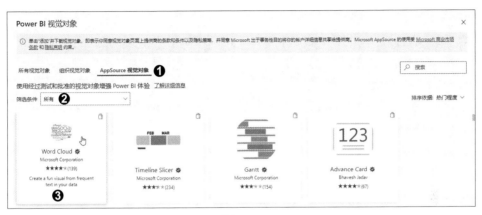

图 10-8

步骤 03 安装视觉对象。进入所选视觉对象的详情页面，查看其定价、版本、更新时间、概述、示例效果等信息。如果确定要安装该视觉对象，则单击"添加"按钮，如图 10-9 所示。安装完成后会弹出"已成功导入"对话框，单击"确定"按钮即可。

图 10-9

步骤 04 使用安装的自定义视觉对象。随后可在 Power BI Desktop 窗口的"可视化"窗格中看到安装的自定义视觉对象的图标。❶用鼠标右键单击该图标，❷在弹出的快捷菜单中单击"固定到可视化效果窗格"命令，如图 10-10 所示。❸在"数据"窗格中勾选要展示的字段，❹在"可视化"窗格中单击要创建的自定义视觉对象，如图 10-11 所示。

图 10-10

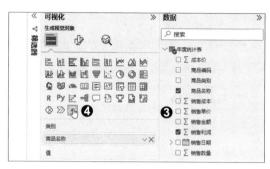
图 10-11

步骤 05 查看可视化效果。在报表页的画布中可看到根据所选的字段和自定义视觉对象制作而成的可视化效果，如图 10-12 所示。该视觉对象以词云图的形式显示了各种产品的销售利润大小，销售利润越高，相应产品名称的文本字号就越大。

图 10-12

💡 提示

在某个报表中安装的自定义视觉对象只能在该报表中使用。步骤 04 中通过执行"固定到可视化效果窗格"命令将安装的自定义视觉对象固定至"可视化"窗格，这样在其他报表中也可使用该视觉对象。

2. 从文件导入视觉对象

◎ 原始文件：实例文件＼第10章＼10.1＼10.1.2＼从文件导入视觉对象1.pbix
◎ 最终文件：实例文件＼第10章＼10.1＼10.1.2＼从文件导入视觉对象2.pbix

步骤 01 进入"应用"页面。❶在网页浏览器中打开 Microsoft AppSource 的首页（https://appsource.microsoft.com/zh-cn/），❷单击"查看所有应用"按钮，如图 10-13 所示。

图 10-13

步骤 02 查找 Power BI 视觉对象。进入"应用"页面后，❶在左侧的导航列表中展开"产品"分类下的"Power Platform"分类，❷勾选其中的"Power BI 视觉对象"复选框，以缩小查找范围，如图 10-14 所示。

图 10-14

步骤 03 查看视觉对象详情。在右侧可以看到各个视觉对象的概要信息，如需了解更多详情，可单击某个视觉对象，如图 10-15 所示。

图 10-15

步骤 04 下载视觉对象。进入视觉对象的详情页面后，可以看到该视觉对象的详细功能介绍等内容。如果要下载该视觉对象，则单击"立即获取"按钮，如图 10-16 所示。如果页面中提示需要登录账户，则按提示操作，即可下载并保存该视觉对象的安装文件。

图 10-16

步骤 05 调用"从文件导入视觉对象"功能。打开原始文件，❶在"可视化"窗格中单击"获取更多视觉对象"按钮，❷在展开的列表中单击"从文件导入视觉对象"选项，如图 10-17 所示。

步骤 06 确认导入。弹出"注意：导入自定义视觉对象"对话框，❶勾选"不再显示此对话框"复选框，❷然后单击"导入"按钮，如图 10-18 所示。

图 10-17

图 10-18

步骤 07 导入并创建视觉对象。❶在"打开"对话框中找到保存视觉对象安装文件的位置，❷选中要导入的文件，❸单击"打开"按钮，如图 10-19 所示。在随后弹出的"导入自定义视觉对象"对话框中单击"确定"按钮，"可视化"窗格中就会出现导入的自定义视觉对象的图标。❹在"数据"窗格中勾选字段，❺在"可视化"窗格中单击要使用的自定义视觉对象，如图 10-20 所示。

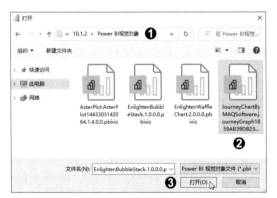

图 10-19

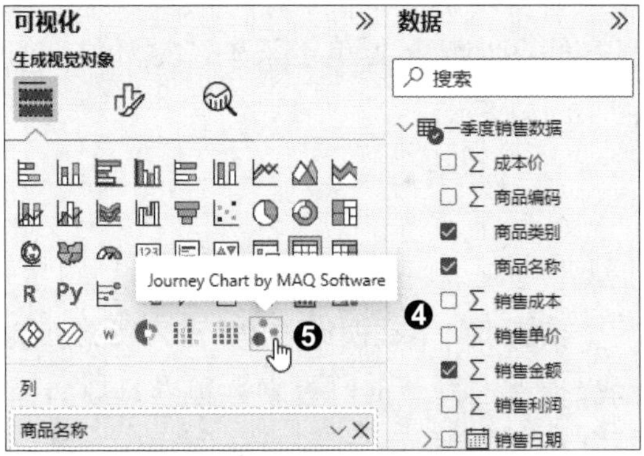

图 10-20

步骤 08 查看创建的视觉对象。在报表页的画布中可看到制作的视觉对象效果，如图 10-21 所示。该视觉对象用节点代表类别，用顶点代表类别下的成员。节点或顶点越大，对应的数值也越大。例如，可以看出自行车类商品的销售金额最高。

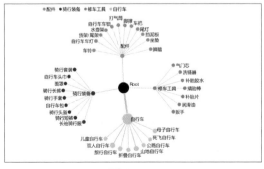

图 10-21

10.2 报表的完善

在报表中添加视觉对象后，还可以通过添加文本框、链接、筛选器、形状等元素来进一步完善报表，让报表更便于阅读。

10.2.1 插入文本框并添加链接

当报表中视觉对象标题的信息量不足时，可通过添加文本框来丰富报表内容。此外，还可以在文本框中添加链接来跳转到网页。

本节将在报表中插入文本框并添加文字，说明报表中散点图视觉对象的坐标轴和十字线的含义，并在文本框中添加跳转到散点图相关知识网页的链接，让受众可以了解更多信息。需要注意的是，过多的文本会分散受众对视觉对象的注意力，因此，文本框的内容应简洁明了。

◎ 原始文件：实例文件 \ 第10章 \ 10.2 \ 10.2.1 \ 插入文本框并添加链接1.pbix
◎ 最终文件：实例文件 \ 第10章 \ 10.2 \ 10.2.1 \ 插入文本框并添加链接2.pbix

步骤 01 插入文本框并设置格式。打开原始文件，❶在"主页"选项卡下的"插入"组中单击"文本框"按钮，在画布中可看到插入的文本框，❷在文本框中输入文本，输入过程中可按〈Enter〉键换行，选中输入的文本，❸在浮动工具栏中设置所选文本的格式，如图 10-22 所示。

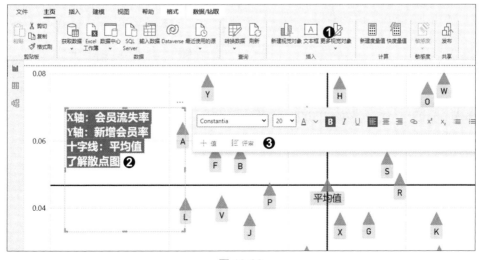

图 10-22

步骤 02 调整文本框的大小和位置。❶用鼠标拖动文本框边框的控点，调整文本框的大小，如图 10-23 所示。❷用鼠标拖动文本框的边框，调整文本框的位置，如图 10-24 所示。

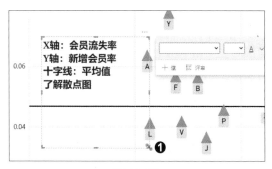

图 10-23

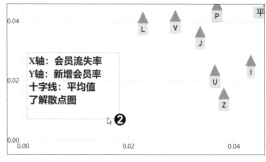

图 10-24

步骤 03 设置文本框的背景颜色。保持选中文本框，❶在右侧"格式"窗格中的"常规"选项卡下依次展开"效果→背景"选项组，❷展开"颜色"下拉列表框，❸选择"白色，10% 较深"，如图 10-25 所示。

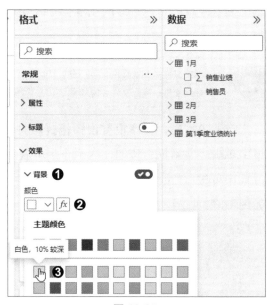

图 10-25

步骤 04 调用"插入链接"功能。❶在文本框中选中要添加链接的文本"了解散点图"，❷在浮动工具栏中单击"插入链接"按钮，如图 10-26 所示。

图 10-26

步骤 05　**完成链接的插入。**❶在弹出的文本框中输入或粘贴链接地址，如"https://docs.microsoft.com/zh-cn/power-bi/visuals/power-bi-visualization-scatter"，❷单击"完成"按钮，如图 10-27 所示。

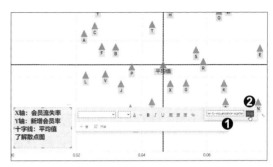

图 10-27

步骤 06　**测试链接。**❶单击链接文本的任意位置，❷在浮动工具栏中单击显示的链接地址，如图 10-28 所示，即可在浏览器中打开该链接地址对应的网页。

步骤 07　**查看效果。**完成上述操作后，报表效果如图 10-29 所示。通过文本框的内容可了解坐标轴和十字线的含义，通过单击链接可了解散点图的更多信息。

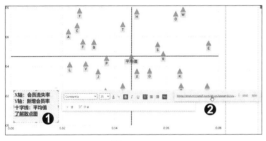

图 10-28

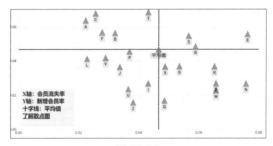

图 10-29

> ⚡ 提示
>
> 如果要编辑或删除链接，可单击链接文本的任意位置，在浮动工具栏中单击链接地址右侧的"编辑"或"删除"按钮。

10.2.2　使用筛选器筛选数据

为了在视觉对象中显示最关心的数据或对数据进行更深入的探索，可使用筛选器筛选数据。本节以簇状柱形图为例，介绍几种常见的筛选方式，如基本筛选、高级筛选、值字段筛选。

◎ 原始文件：实例文件 \ 第10章 \ 10.2 \ 10.2.2 \ 使用筛选器筛选数据1.pbix
◎ 最终文件：实例文件 \ 第10章 \ 10.2 \ 10.2.2 \ 使用筛选器筛选数据2.pbix

步骤 01 进行基本筛选。打开原始文件，❶选中要进行筛选的视觉对象，❷在"筛选器"窗格中的"此视觉对象上的筛选器"选项组中展开要筛选的字段，如"商品名称"，❸在展开的筛选界面中勾选要显示的字段值，即可看到筛选后的视觉对象效果，如图 10-30 所示。

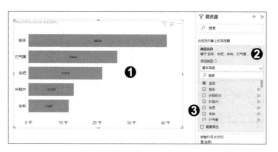

图 10-30

步骤 02 单选字段。如果想要每次只允许显示一个字段值，❶在"筛选器"窗格中的对应字段下勾选"需要单选"复选框，❷再勾选要显示的单个值，❸即可看到筛选后的视觉对象效果，如图 10-31 所示。

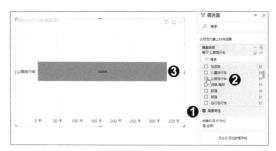

图 10-31

步骤 03 进行高级筛选。如果要改变筛选器的类型，❶取消勾选"需要单选"复选框，❷单击"筛选类型"下拉列表框，❸在展开的列表中单击"高级筛选"选项，如图 10-32 所示。❹设置"显示值为以下内容的项"为"不包含"，❺在下方的文本框中输入不包含的内容为"自行车"，❻完成设置后单击"应用筛选器"按钮，如图 10-33 所示。

图 10-32

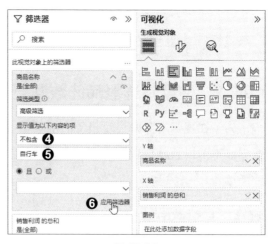

图 10-33

> **提示**
>
> "筛选类型"下拉列表框中的"前 N 个"选项用于筛选排名最前 N 位或最后 N 位的数据。

　　步骤 04 查看高级筛选的效果。完成高级筛选的设置后，可看到视觉对象只显示名称不含"自行车"的商品的数据，如图 10-34 所示。

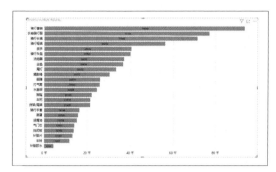

图 10-34

　　步骤 05 筛选值字段。单击"筛选器"窗格中的"清除筛选器"按钮以取消筛选，❶展开"销售利润的总和"字段，❷在展开的筛选界面中设置"显示值为以下内容的项"为"大于或等于"，❸在文本框中输入对应的条件值，如"40 000"，❹单击"应用筛选器"按钮，如图 10-35 所示。

图 10-35

　　步骤 06 查看筛选效果。完成值字段的筛选设置后，适当调整视觉对象的大小。可看到视觉对象中显示的都是销售利润的总和大于或等于 40 000 的商品数据，如图 10-36 所示。

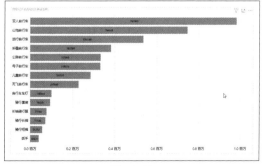

图 10-36

10.2.3 添加形状标记重要数据

在报表中添加形状可以突出显示重要数据，有助于受众理解报表内容。本节以添加椭圆为例讲解具体操作。

◎ 原始文件：实例文件＼第10章＼10.2＼10.2.3＼添加形状标记重要数据1.pbix
◎ 最终文件：实例文件＼第10章＼10.2＼10.2.3＼添加形状标记重要数据2.pbix

步骤01 插入形状。打开原始文件，❶在"插入"选项卡下的"元素"组中单击"形状"按钮，❷在展开的列表中选择要添加的形状，如"椭圆"，如图10-37所示。在此报表中添加椭圆是为了圈出需要重点关注的数据点。

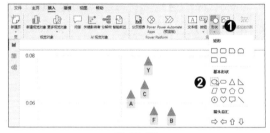

图 10-37

步骤02 调整形状的大小和位置。❶用鼠标拖动形状边框的控点，调整形状的大小，如图10-38所示。❷用鼠标拖动形状的边框，调整形状的位置，让形状覆盖在 B 地区的数据点上，如图10-39所示。

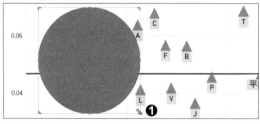

图 10-38

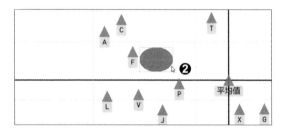

图 10-39

步骤03 设置形状的格式。此时会发现数据点被形状遮挡，选中形状，❶在"格式"窗格中切换至"形状"选项卡，❷展开"样式"选项组，❸单击"填充"右侧的开关按钮，取消填充效果，❹展开"边框"选项组，❺设置边框的"颜色"为"#015c55，主题颜色1，50% 较深"，"宽度"为 3 像素，如图10-40所示。

图 10-40

步骤 04 查看效果。此时在画布中查看报表，视线会立即被吸引到 B 地区的数据点上，如图 10-41 所示。

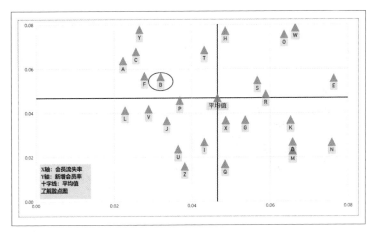

图 10-41

 提示

除了插入形状，还可以利用"插入"选项卡下"元素"组中的"图像"按钮在报表中插入图像。

10.2.4　使用导航器管理页面

导航器分为页面导航器和书签导航器：页面导航器用于汇总报表中的页面，以便快速切换至指定的报表页；书签导航器用于汇总报表中的书签，以便快速切换至书签中记录的报表状态，如视觉对象的可见性、数据的筛选状态等。本节以书签导航器为例介绍相应的制作方法。

◎ 原始文件：实例文件 \ 第10章 \ 10.2 \ 10.2.4 \ 制作书签导航器1.pbix
◎ 最终文件：实例文件 \ 第10章 \ 10.2 \ 10.2.4 \ 制作书签导航器2.pbix

步骤 01 添加第 1 个书签。打开原始文件，选中报表页中的堆积柱形图，展开"筛选器"窗格，❶在"此视觉对象上的筛选器"选项组中展开"商品名称"字段，❷设置"筛选类型""显示项""按值"选项，❸单击"应用筛选器"按钮，❹在画布中查看筛选后的视觉对象效果。❺在"视图"选项卡下的"显示窗格"组中单击"书签"按钮，❻在窗口右侧展开的"书签"窗格中单击"添加"按钮，❼窗格中会出现一个记录当前报表状态的书签，其默认名称为"书签 1"，双击名称可重命名书签，如图 10-42 所示。

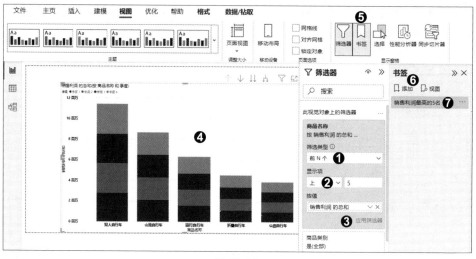

图 10-42

步骤 02 添加第 2 个书签。❶在"商品名称"筛选器中单击"清除筛选"按钮，如图 10-43 所示。❷重新设置"筛选类型""显示项""按值"选项，❸单击"应用筛选器"按钮，改变堆积柱形图的筛选状态，❹使用相同的方法添加书签并重命名，如图 10-44 所示。

图 10-43

图 10-44

步骤 03 添加第 3 个书签。❶在"书签"窗格中单击"销售利润最高的 5 名"书签，将堆积柱形图切换至该书签所记录的状态，❷单击堆积柱形图右上角的▯按钮，启用"向下钻取"功能，❸单击▣按钮，展开当前层次结构中的所有级别，❹添加书签并重命名，如图 10-45 所示。

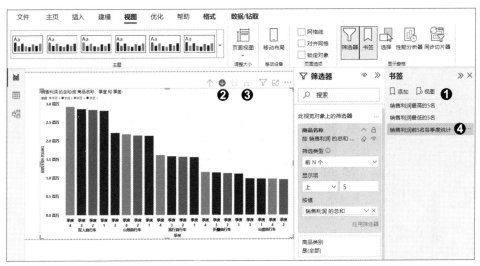

图 10-45

步骤 04 创建书签导航器。切换至"插入"选项卡，❶单击"元素"组中的"按钮"按钮，❷在展开的列表中依次单击"导航器→书签导航器"选项，如图 10-46 所示。

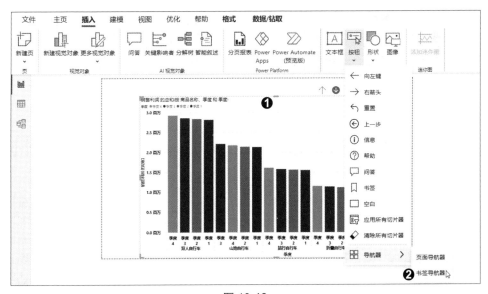

图 10-46

步骤05 查看书签导航器。随后画布中会显示创建的书签导航器，导航器中的按钮与前面创建的书签一一对应，如图10-47所示。

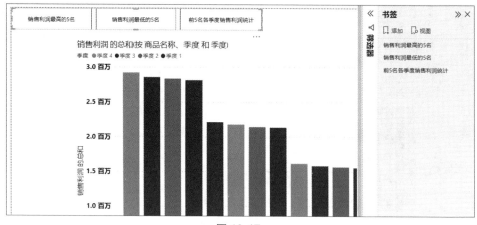

图 10-47

步骤06 设置书签按钮的形状及默认文本样式。❶在"格式"窗格中切换至"视觉对象"选项卡，❷在"形状"选项组中的"形状"下拉列表框中选择"药丸"选项，❸展开"样式"选项组，❹在"将设置应用于"选项组中的"状态"下拉列表框中选择"默认值"选项，❺在"文本"选项组中设置默认状态下的文本样式，如图10-48所示。

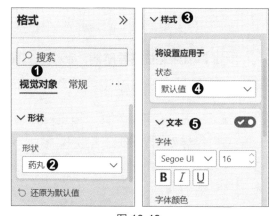

图 10-48

步骤07 设置书签按钮在鼠标悬停状态下的样式。❶在"状态"下拉列表框中选择"悬停"选项，❷在"文本"选项组中设置该状态下的文本样式，❸在"填充"选项组中设置该状态下的"颜色"为"#018A80"，❹单击"边框"右侧的开关按钮，禁用边框效果，❺单击"阴影"右侧的开关按钮，启用默认阴影效果，如图10-49所示。

步骤08 设置书签按钮在已选定状态下的样式。❶在"状态"下拉列表框中选择"已选定"选项，❷在"文本"选项组中设置该状态下的文本样式，❸在"填充"选项组中设置该状态下的"颜色"为"#081F37"，如图10-50所示。

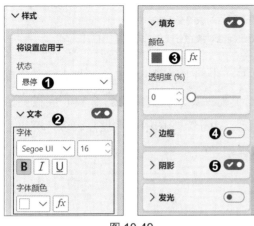

图 10-49

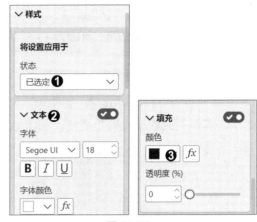

图 10-50

步骤 09 测试导航器。设置完成后，适当调整书签导航器与堆积柱形图的位置和大小。按住〈Ctrl〉键，单击书签导航器中的任意一个按钮，如"销售利润最低的 5 名"，即可切换至该书签所记录的报表状态，效果如图 10-51 所示。

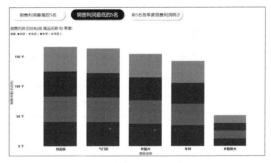

图 10-51

> ⚡ 提示
>
> 　　如果需要在一个报表内创建多个书签导航器，则需要先创建书签组。在"书签"窗格中，按住〈Ctrl〉键依次单击选中要分为一组的书签，然后单击鼠标右键，在弹出的快捷菜单中单击"分组"命令，即可创建书签组。
>
> 　　默认情况下，书签导航器中会显示报表中的所有书签，创建书签组后，可在"格式"窗格中"视觉对象"选项卡下的"书签"下拉列表框中选择要在导航器中显示的书签组。

10.2.5　更改视觉对象的交互方式

　　当报表中有多个视觉对象时，它们之间的默认交互方式为"突出显示"，即在报表中选中某个视觉对象的某个数据点时，其余视觉对象中与该数据点相关的数据点会被突出显示。本节将讲解如何更改视觉对象的交互方式。

◎ 原始文件：实例文件 \ 第10章 \ 10.2 \ 10.2.5 \ 更改视觉对象的交互方式1.pbix
◎ 最终文件：实例文件 \ 第10章 \ 10.2 \ 10.2.5 \ 更改视觉对象的交互方式2.pbix

步骤 01 突出显示数据。打开原始文件，在画布中单击饼图中的某个数据点，如"配件"，条形图中与该数据点相关的数据点（即属于配件类别的商品销售金额）会被突出显示，不相关的数据点则会变淡，如图 10-52 所示。由于条形图中的数据点较多，突出显示的效果不够理想，下面通过更改交互方式进行优化。

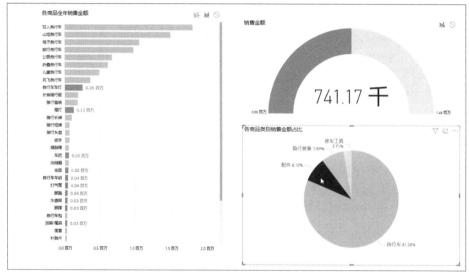

图 10-52

步骤 02 启用"编辑交互"功能。选中饼图，❶在"格式"选项卡下的"交互"组中单击"编辑交互"按钮，如图 10-53 所示。此时其余视觉对象的右上角会显示交互方式按钮，包括"筛选器"按钮、"突出显示"按钮、"无"按钮。不同类型的视觉对象上出现的交互方式按钮数量有可能不同，粗体图标代表正在应用的交互方式。这里希望筛选条形图中的数据，❷单击条形图右上角的"筛选器"按钮，如图 10-54 所示。

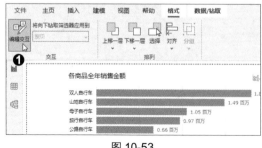

图 10-53

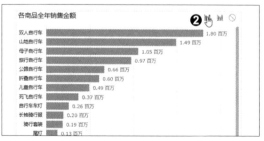

图 10-54

> **提示**
>
> 假设报表页中有两个视觉对象 A 和 B，选中 A 后启用"编辑交互"功能。如果希望 A 交叉筛选 B，则单击 B 右上角的"筛选器"按钮。如果希望 A 交叉突出显示 B，则单击 B 右上角的"突出显示"按钮。如果希望 A 不影响 B，则单击 B 右上角的"无"按钮。

步骤 03 测试设置效果。完成设置后，在饼图中单击"配件"数据点，则条形图中仅显示属于配件类别的商品销售金额数据点，如图 10-55 所示。

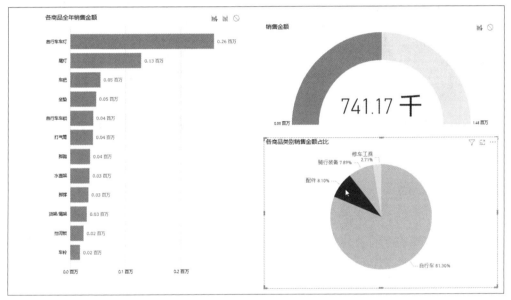

图 10-55

10.2.6　深化查看视觉对象

当需要查看具有层次结构的视觉对象的其他详细信息时，可使用"扩展至下一级别"功能来深化查看视觉对象。本节以展示年度销售利润的簇状柱形图为例，利用"扩展至下一级别"功能查看该年度各月的销售利润对比情况，并通过层次结构的嵌套设置，将各月的数据显示在对应的季度类别组中。

◎ 原始文件：实例文件＼第10章＼10.2＼10.2.6＼深化查看视觉对象1.pbix

◎ 最终文件：实例文件＼第10章＼10.2＼10.2.6＼深化查看视觉对象2.pbix

步骤 01 调用"扩展至下一级别"功能。打开原始文件，在报表画布中可看到展示 2022 年总销售利润的柱形图，❶用鼠标右键单击该视觉对象，❷在弹出的快捷菜单中单击 "扩展至下一级别"命令，如图 10-56 所示。

步骤 02 继续深化。随后可看到柱形图切换为展示 2022 年 4 个季度的销售利润。如果要切换查看各月的销售利润，❶用鼠标右键单击视觉对象，❷在弹出的快捷菜单中单击 "扩展至下一级别"命令，如图 10-57 所示。

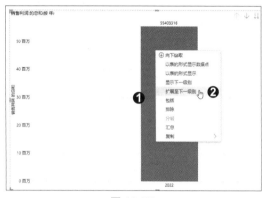

图 10-56　　　　　　　　　　　　　　　　　图 10-57

> ⚡ **提示**
>
> 　　除了使用右键快捷菜单，还可以在选中视觉对象后，使用"可视化工具—数据/钻取"选项卡下的功能或视觉对象右上角的控件按钮进行深化查看。

步骤 03 查看效果。完成两次深化后，可看到柱形图中展示的是各月的销售利润，如图 10-58 所示。但是，X 轴（分类轴）上的季度和月份标签层次稍显杂乱，需要进行嵌套设置。

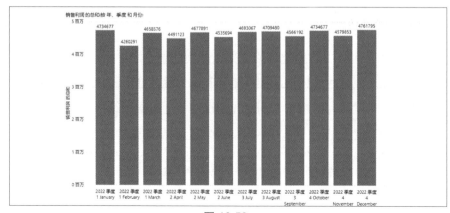

图 10-58

步骤 04　层次结构的嵌套设置。❶单击"可视化"窗格中的"设置视觉对象格式"按钮，❷在"视觉对象"选项卡下展开"X 轴"选项组，❸单击"连接标签"右侧的开关按钮，关闭该选项，如图 10-59 所示。❹展开"网格线"选项组，❺设置"垂直"网格线的"样式""颜色""宽度"，如图 10-60 所示。

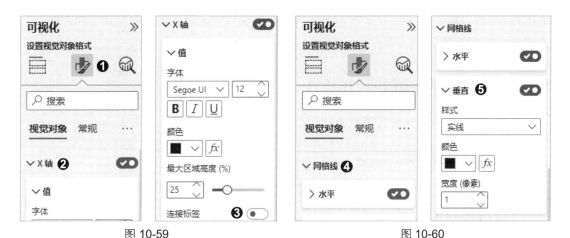

图 10-59　　　　　　　　　　　　　　　　图 10-60

步骤 05　查看最终的深化效果。完成 X 轴的设置后，最终的报表效果更加清晰和美观，如图 10-61 所示。

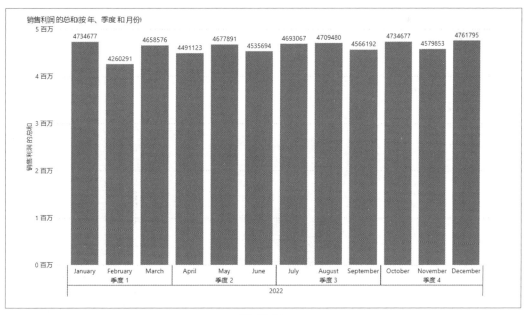

图 10-61

10.3 报表的美化

一份报表仅有充实的内容是不够的，如果报表的版面杂乱无章，难辨重点，其信息传达效果也会大打折扣。因此，完成报表的内容制作后，还需要对报表进行美化。本节将介绍在 Power BI Desktop 中美化报表的一系列操作，包括设置报表页的画布大小和背景，设置视觉对象的标题、背景、边框、数据标签等。

10.3.1 设置报表页的画布大小

为了让报表的版面匹配视觉对象的大小，可适当调整报表页的画布大小。

◎ 原始文件：实例文件＼第10章＼10.3＼10.3.1＼设置报表页的画布大小1.pbix
◎ 最终文件：实例文件＼第10章＼10.3＼10.3.1＼设置报表页的画布大小2.pbix

步骤 01 查看原始的报表效果。打开原始文件，可以看到版面的留白较多，效果不太美观，如图 10-62 所示。

步骤 02 更改页面宽高比。确认未在报表中选中任何视觉对象，❶在"可视化"窗格中切换至"设置页面格式"选项卡，❷展开"画布设置"选项组，❸在"类型"下拉列表框中选择"4：03"选项，如图 10-63 所示。此外，还可以在"页面信息"选项组中设置报表页名称。

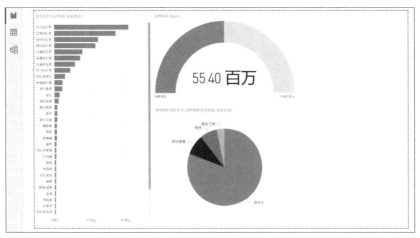

图 10-62

图 10-63

步骤 03　查看设置效果。随后可以看到报表的版面变得更加充实和丰满，如图 10-64 所示。

步骤 04　自定义页面大小。如果预设的宽高比选项不能满足需求，可以自定义页面大小。❶在"类型"下拉列表框中选择"自定义"选项，❷在"高度"和"宽度"文本框中输入所需的数值即可，如图 10-65 所示。

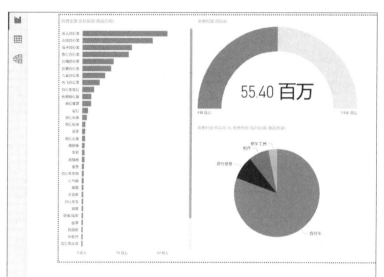

图 10-64

图 10-65

10.3.2　设置报表页的画布背景

报表页的画布背景默认为白色，如果觉得白色过于单调，可以将其更改为其他颜色，还可以在背景中添加图像。

◎ 原始文件：实例文件＼第10章＼10.3＼10.3.2＼设置报表页的画布背景1.pbix、背景png
◎ 最终文件：实例文件＼第10章＼10.3＼10.3.2＼设置报表页的画布背景2.pbix

步骤 01　更改背景颜色。打开原始文件，确认未在报表中选中任何视觉对象，❶在"可视化"窗格中切换至"设置页面格式"选项卡，❷展开"画布背景"选项组，❸展开"颜色"下拉列表框，❹选择所需的背景颜色，如图 10-66 所示。❺拖动"透明度"下的滑块，或者直接在文本框中输入数值，更改背景颜色的透明度，如图 10-67 所示。随后可在画布中看到所设置的背景颜色。

图 10-66　　　　　　　　　　　　　图 10-67

步骤 02　在背景中添加图像。如果对纯色背景仍不满意，可尝试为背景添加图像。❶在"画布背景"选项组下单击"图像"下方的"添加文件"按钮，如图 10-68 所示。❷在弹出的"打开"对话框中找到图像的保存位置，❸选中要添加的图像，❹单击"打开"按钮，如图 10-69 所示。

图 10-68

图 10-69

步骤 03　设置图像匹配度和透明度。如果图像尺寸与页面大小不匹配，❶可在"图像匹配度"下拉列表框中选择"匹配度"选项，如图 10-70 所示。如果觉得图像太"实"，降低了视觉对象的可读性，❷可拖动"透明度"下的滑块，或者直接在文本框中输入数值，降低图像的透明度，如图 10-71 所示。

图 10-70　　　　　　　　　　　　　　　　　　　图 10-71

步骤 04　完成背景设置。随后可在画布中看到所设置的背景效果，如图 10-72 所示。如果要删除背景图像，可在"画布背景"选项组下单击图像名称后的"删除文件"按钮。如果要恢复默认的背景，则单击"还原为默认值"按钮。

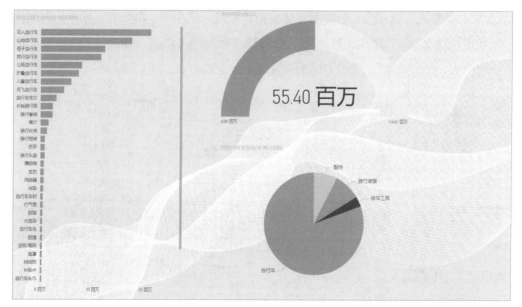

图 10-72

⚡ 提示

　　画布大小和画布背景等页面设置仅对当前报表页生效。如果要对同一报表的其他页也进行页面设置，则需要先切换页面，再重复执行设置操作。

10.3.3 设置视觉对象的标题

当报表中的视觉对象没有标题，或者默认的标题内容不能准确地传达信息时，需要为视觉对象添加标题或更改标题。

◎ 原始文件：实例文件 \ 第10章 \ 10.3 \ 10.3.3 \ 设置视觉对象的标题1.pbix
◎ 最终文件：实例文件 \ 第10章 \ 10.3 \ 10.3.3 \ 设置视觉对象的标题2.pbix

步骤 01 查看视觉对象。打开原始文件，在画布中可看到 12 个视觉对象，分别对应 12 个月的销售利润，如图 10-73 所示，但是无法区分各个视觉对象代表哪个月份的数据。

图 10-73

步骤 02 添加标题。在画布中选中要设置的视觉对象，❶在"可视化"窗格中切换至"设置视觉对象格式"选项卡，❷在下方切换至"常规"选项卡，❸单击"标题"右侧的开关按钮，启用该选项，如图 10-74 所示。❹展开"标题"选项组，❺在"文本"文本框中输入标题内容，如"1 月"，如图 10-75 所示。

图 10-74

图 10-75

步骤 03　设置标题格式。❶在"字体"选项组中设置字体格式，❷设置"文本颜色"为白色、"背景色"为"#01B8AA，主题颜色 1"，❸在"水平对齐"下单击"居中"按钮，如图 10-76 所示。如果对以上设置不满意，可单击"还原为默认值"按钮来恢复默认设置。

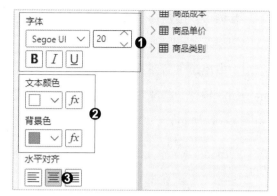

图 10-76

步骤 04　继续添加标题并设置格式。使用步骤 02 的方法为其他视觉对象添加标题，然后按住〈Ctrl〉键，依次单击以选中未设置标题格式的视觉对象，使用步骤 03 的方法为所选视觉对象批量设置标题格式。最终效果如图 10-77 所示，可以清晰地看出各个视觉对象代表的是哪个月份的数据。

1月	2月	3月	4月
4.73 百万	4.26 百万	4.66 百万	4.49 百万
销售利润	销售利润	销售利润	销售利润
5月	6月	7月	8月
4.68 百万	4.54 百万	4.69 百万	4.71 百万
销售利润	销售利润	销售利润	销售利润
9月	10月	11月	12月
4.57 百万	4.73 百万	4.58 百万	4.76 百万
销售利润	销售利润	销售利润	销售利润

图 10-77

10.3.4　设置视觉对象的背景

当报表中有多个视觉对象时，如果想要突出显示特定的视觉对象，可通过更改视觉对象的背景来实现。

◎ 原始文件：实例文件 \ 第10章 \ 10.3 \ 10.3.4 \ 设置视觉对象的背景1.pbix
◎ 最终文件：实例文件 \ 第10章 \ 10.3 \ 10.3.4 \ 设置视觉对象的背景2.pbix

步骤 01 设置背景。打开原始文件，选中要更改背景的视觉对象，❶在“可视化”窗格中切换至“设置视觉对象格式”选项卡，❷在下方的“常规”选项卡中展开“效果”选项组，❸单击“背景”右侧的开关按钮，启用该选项，如图 10-78 所示。❹展开“背景”选项组，❺展开“颜色”下拉列表框，❻选择“#99e3dd，主题颜色 1，60% 较浅”选项，如图 10-79 所示。

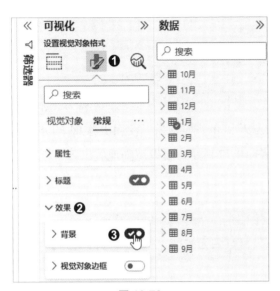

可视化
数据
筛选器
设置视觉对象格式
搜索
视觉对象
常规
属性
标题
效果
背景
视觉对象边框
10月
11月
12月
1月
2月
3月
4月
5月
6月
7月
8月
9月

图 10-78

6月
7月
8月
9月
效果
背景
颜色
fx
主题颜色
#99e3dd，主题颜色 1，60% 较浅
最近使用的颜色

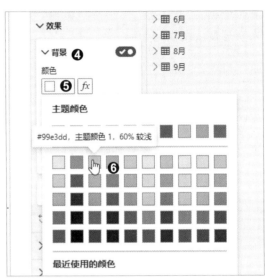

图 10-79

步骤 02 查看设置效果。对其他需要设置背景的视觉对象进行相同的操作，最终效果如图 10-80 所示，可以看到这些视觉对象变得更加醒目。

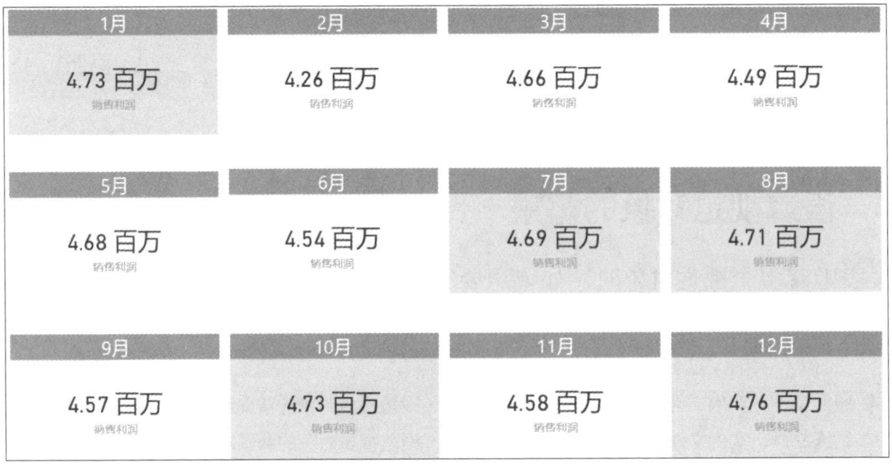

1月
4.73 百万
销售利润
2月
4.26 百万
销售利润
3月
4.66 百万
销售利润
4月
4.49 百万
销售利润
5月
4.68 百万
销售利润
6月
4.54 百万
销售利润
7月
4.69 百万
销售利润
8月
4.71 百万
销售利润
9月
4.57 百万
销售利润
10月
4.73 百万
销售利润
11月
4.58 百万
销售利润
12月
4.76 百万
销售利润

图 10-80

10.3.5　设置视觉对象的边框

为视觉对象添加边框，可以明确划定不同视觉对象的边界，减少视觉上的混淆，从而增强报表的可读性。

◎ 原始文件：实例文件＼第10章＼10.3＼10.3.5＼设置视觉对象的边框1.pbix
◎ 最终文件：实例文件＼第10章＼10.3＼10.3.5＼设置视觉对象的边框2.pbix

步骤 01　设置边框。打开原始文件，选中要设置边框的视觉对象，❶在"可视化"窗格中切换至"设置视觉对象格式"选项卡，❷在下方的"常规"选项卡中展开"效果"选项组，❸单击"视觉对象边框"右侧的开关按钮，启用该选项，❹展开"视觉对象边框"选项组，❺设置"颜色"为黑色，如图10-81 所示。

图 10-81

步骤 02　查看设置效果。对其他需要设置边框的视觉对象进行相同的操作，最终效果如图 10-82 所示。

1月	2月	3月	4月
4.73 百万	4.26 百万	4.66 百万	4.49 百万
销售利润	销售利润	销售利润	销售利润
5月	6月	7月	8月
4.68 百万	4.54 百万	4.69 百万	4.71 百万
销售利润	销售利润	销售利润	销售利润
9月	10月	11月	12月
4.57 百万	4.73 百万	4.58 百万	4.76 百万
销售利润	销售利润	销售利润	销售利润

图 10-82

10.3.6 设置视觉对象的数据标签

数据标签直接在视觉对象的相应位置显示数值或文本，让受众不需要查阅图例或数据表格就能迅速理解具体的数据值，提高了报表的直观性和易读性。

◎ 原始文件：实例文件\第10章\10.3\10.3.6\设置视觉对象的数据标签1.pbix
◎ 最终文件：实例文件\第10章\10.3\10.3.6\设置视觉对象的数据标签2.pbix

步骤 01 设置数据标签的位置。打开原始文件，选中要添加数据标签的视觉对象，如簇状条形图，在"可视化"窗格中切换至"设置视觉对象格式"选项卡，❶在下方切换至"视觉对象"选项卡，❷单击"数据标签"右侧的开关按钮，启用该选项，❸展开"数据标签"选项组，❹展开"选项"选项组，❺在"位置"下拉列表框中选择"端外"选项，如图 10-83 所示。

步骤 02 设置数据标签的文本样式和小数位数。❶展开"值"选项组，❷设置字体格式，❸在"显示单位"下拉列表框中选择"百万"选项，❹设置"值的小数位"为"2"，如图 10-84 所示。

图 10-83　　　　　　图 10-84

步骤 03 设置数据标签的背景。❶单击"背景"右侧的开关按钮，启用该选项，❷展开"背景"选项组，❸设置"颜色"为"#FEC0BF"，❹拖动"透明度"右侧的滑块，调整背景颜色的透明度，如图 10-85 所示。

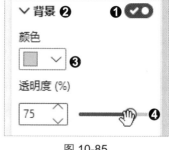

图 10-85

步骤 04 设置其他视觉对象的数据标签。选中另一个视觉对象，如饼图，❶展开"详细信息标签"选项组，❷在"选项"选项组的"标签内容"下拉列表框中选择"类别，总百分比"选项，❸在"值"选项组中设置数据标签的"字体""颜色""百分比小数位数"等选项，如图 10-86 所示。

步骤 05 查看设置效果。完成上述设置后，最终效果如图 10-87 所示。

图 10-86

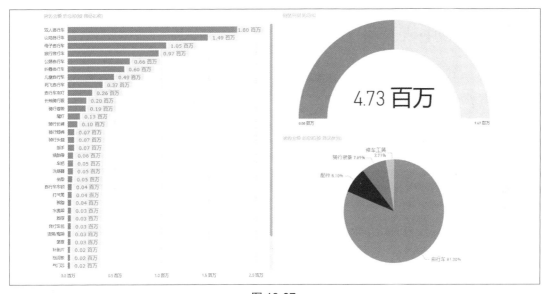

图 10-87

第 11 章
数据可视化：视觉对象制作与应用

要制作出理想的数据可视化报表，不仅要掌握视觉对象的制作方法，而且要了解各个视觉对象在数据分析中的适用范围和解读方法，这样才能根据分析需求选择最合适的视觉对象。本章将介绍 Power BI Desktop 中多种预置视觉对象的制作及格式设置操作，并讲解组功能、预测功能、工具提示功能在报表中的应用。

11.1　常用视觉对象的制作

Power BI Desktop 中预置了种类丰富的视觉对象，本节从中选取较为常用的视觉对象，介绍其特点、用途和制作方法。

11.1.1　柱形图和条形图

柱形图和条形图分别利用垂直和水平的柱子表示数据的大小，常用于比较多个类别数据的大小。在 Power BI Desktop 中，柱形图细分为簇状柱形图、堆积柱形图、百分比堆积柱形图，条形图细分为簇状条形图、堆积条形图、百分比堆积条形图。柱形图和条形图很常用，制作方法也很简单，许多数据可视化新手的学习之旅都是从认识它们开始的。

已知 1 月、2 月、3 月及第 1 季度的员工销售业绩数据，下面通过创建柱形图和条形图对比不同员工的销售业绩，并展示各月销售业绩超过平均值的销售员、第 1 季度销售业绩超过 1 400 000 元的销售员。

◎ 原始文件：实例文件＼第11章＼11.1＼11.1.1＼柱形图和条形图1.pbix
◎ 最终文件：实例文件＼第11章＼11.1＼11.1.1＼柱形图和条形图2.pbix

步骤 01 插入柱形图并设置格式。打开原始文件，❶在"可视化"窗格的"生成视觉对象"选项卡下单击"簇状柱形图" ，❷在"数据"窗格中勾选"1 月"表中的所有字段，❸在"可视化"窗格的"生成视觉对象"选项卡下可看到各个字段在视觉对象中的位置，如"销售员"位于"X 轴"，"销售业绩"位于"Y 轴"，如图 11-1 所示。❹切换至"设置视觉对象格式"选项卡，❺启用"X 轴"和"Y 轴"选项，如图 11-2 所示。使用相同的方法为"2 月"表和"3 月"表创建柱形图，并进行相同的格式设置。

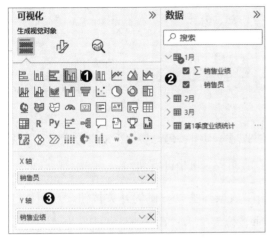

图 11-1

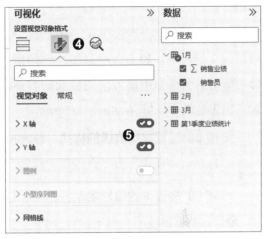

图 11-2

步骤 02 创建条形图。❶在"可视化"窗格下单击"簇状条形图"，❷在"数据"窗格中勾选"第 1 季度业绩统计"表中的所有字段，如图 11-3 所示。为条形图设置与柱形图相同的格式。

图 11-3

步骤 03 查看报表效果。完成视觉对象的创建和格式设置后，在画布中适当调整视觉对象的大小和位置，效果如图 11-4 所示。

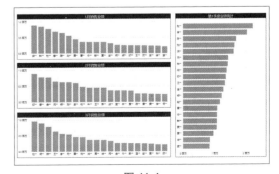

图 11-4

步骤 **04 添加平均值线**。为了提升分析的深度，可以为视觉对象添加参考线，如平均值线、恒定线等。选中任意一个柱形图，如"1 月销售业绩"，❶在"可视化"窗格中切换至"分析"选项卡，❷展开"平均值线"选项组，❸单击"添加行"按钮，❹在新增的文本框中输入平均值线的名称，如"销售业绩平均值"，如图 11-5 所示。

图 11-5

步骤 **05 设置平均值线的样式**。❶展开"直线"选项组，❷设置"颜色"为黑色、"透明度"为 0%、"样式"为"点线"、"位置"为"前面"，如图 11-6 所示。

步骤 **06 设置平均值线的数据标签**。❶单击"数据标签"右侧的开关按钮，启用该选项，❷设置数据标签的"水平位置"为"右"、"垂直位置"为"高于"、"样式"为"两者"、"颜色"为"#FD625E，主题颜色 3"，如图 11-7 所示。使用相同的方法为其他柱形图添加平均值线并设置相同的格式。

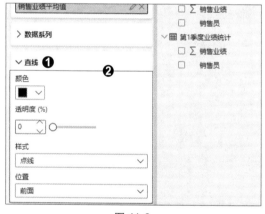

图 11-6

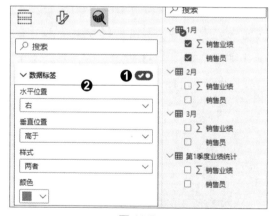

图 11-7

步骤 **07 添加恒定线**。选中条形图，❶在"可视化"窗格中切换至"分析"选项卡，❷展开"恒定线"选项组，❸单击"添加行"按钮，❹在新增的文本框中输入恒定线的名称，如"销售业绩高于"，❺在"值"文本框中输入销售业绩要高于的值，❻设置恒定线的"颜色""透明度""样式""位置"，如图 11-8 所示。❼单击"数据标签"右侧的开关按钮，启用该选项，❽设置数据标签的"水平位置""垂直位置""样式""颜色""显示单位"，如图 11-9 所示。

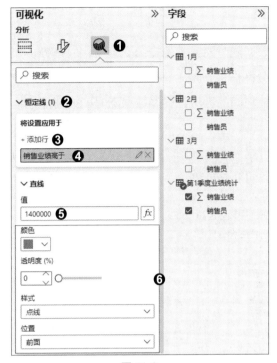

图 11-8

图 11-9

步骤 08　查看报表效果。完成上述操作后的报表效果如图 11-10 所示。通过阅读柱形图和条形图，可以直观地对比 1 月、2 月、3 月及第 1 季度各个销售员的销售业绩大小。通过柱形图中的平均值线，可以快速看出各月的销售业绩超过平均值的销售员。通过条形图中的恒定线，可以快速看出第 1 季度销售业绩超过 1 400 000 元的销售员。

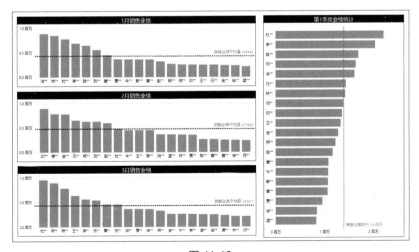

图 11-10

11.1.2 折线图和分区图

折线图通过线段连接一系列数据点来展示数据随时间或其他连续变量变化的趋势，如近一年股价的涨跌、用户数量的增长趋势等。分区图（对应 Excel 中的面积图）是在折线图基础上发展而来的。它通过填充折线与坐标轴之间的区域，强调数据随时间或其他连续变量变化的程度以及总量趋势。

已知整年的商品销售数据，下面通过创建折线图和分区图，展示一年中各商品类别的月度销售金额变化趋势及所有商品的月度销售利润变化趋势。

◎ 原始文件：实例文件 \ 第11章 \ 11.1 \ 11.1.2 \ 折线图和分区图1.pbix
◎ 最终文件：实例文件 \ 第11章 \ 11.1 \ 11.1.2 \ 折线图和分区图2.pbix

步骤 01 创建折线图。打开原始文件，❶在"可视化"窗格中单击"折线图" ，❷在"数据"窗格的"年度统计表"下勾选"商品类别"和"销售金额"字段，❸展开"销售日期"字段，❹在"日期层次结构"下勾选"月份"字段。此时在"可视化"窗格下可看到自动设置的"X 轴""Y 轴""图例"中的字段，其中"X 轴"中的字段为"商品类别"和"销售日期 月份"，❺这里将"商品类别"从"X 轴"拖动到"图例"中，如图 11-11 所示。

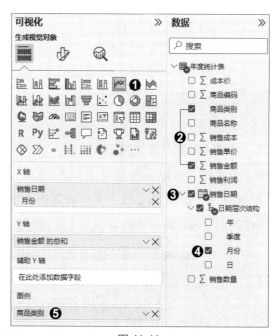

图 11-11

步骤 02 设置筛选器。❶在"筛选器"窗格中展开"商品类别"字段，❷勾选要查看的字段值，如"配件"，如图 11-12 所示。

步骤 03 隐藏图例。❶在"可视化"窗格中切换至"设置视觉对象格式"选项卡，❷在"视觉对象"选项卡下单击"图例"右侧的开关按钮，关闭该选项，如图 11-13所示。

图 11-12

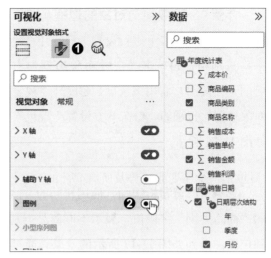

图 11-13

步骤 04 设置标记形状。❶单击"标记"右侧的开关按钮，启用该选项，❷展开"标记"选项组，❸继续展开"形状"选项组，❹在下方设置"类型"和"大小"，如图 11-14 所示。

步骤 05 设置视觉对象的标题。❶在"设置视觉对象格式"选项卡下切换至"常规"选项卡，❷单击"标题"右侧的开关按钮，启用该选项，❸展开"标题"选项组，❹设置标题的"文本""字体""文本颜色""背景色""水平对齐"，如图 11-15 所示。

图 11-14

图 11-15

步骤 06 设置视觉对象的边框。继续在"常规"选项卡下进行设置。❶展开"效果"选项组，❷单击"视觉对象边框"右侧的开关按钮，启用该选项，❸展开"视觉对象边框"选项组，❹在下方设置"颜色"，如图 11-16 所示。

图 11-16

步骤 07 查看折线图。使用相同的方法继续插入 3 个折线图，通过设置"筛选器"中的"商品类别"字段值，展示不同商品类别的月度销售金额。适当调整 4 个折线图的大小和位置，得到如图 11-17 所示的效果。通过 4 个折线图可以直观地看出各商品类别的月度销售金额变化趋势，例如，4 个商品类别的销售金额在 2 月份都明显降低，有必要进一步分析背后的原因。

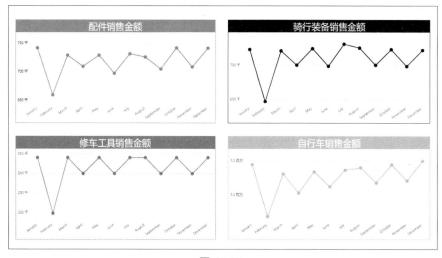

图 11-17

步骤 08 创建分区图。将折线图所在的报表页重命名为"折线图"，然后新建报表页，并将其重命名为"分区图"。切换到"分区图"报表页，❶在"可视化"窗格中单击"分区图"，❷在"数据"窗格的"年度统计表"下勾选"商品名称"和"销售利润"字段，以及"销售日期"下的"月份"字段，❸在"可视化"窗格中设置好"X 轴""Y 轴""图例"中的字段。在"筛选器"窗格中展开"商品名称"字段，❹勾选要查看的字段值，如"车把"，如图 11-18 所示。

图 11-18

步骤 09 设置分区图格式。在"可视化"窗格中切换至"设置视觉对象格式"选项卡，分别在"视觉对象"和"常规"选项卡下设置分区图的格式，然后在画布中调整分区图的位置和大小，得到如图 11-19 所示的分区图效果。其直观地展示了"车把"的月度销售利润变化趋势。

步骤 10 查看其他字段值的可视化效果。在"筛选器"窗格中勾选"商品名称"字段的其他值，如同时勾选"补胎片"和"挡泥板"，得到如图 11-20 所示的可视化效果。通过观察颜色填充区域的重叠情况，可发现"补胎片"的各月销售利润都明显低于"挡泥板"的各月销售利润。

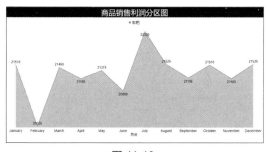

图 11-19

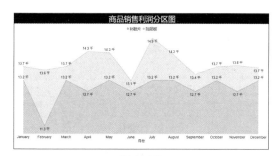

图 11-20

11.1.3 散点图和气泡图

散点图由多个分散的数据点构成，每个数据点的横坐标和纵坐标分别由两个变量决定，因此，散点图特别适用于探索两个变量之间的关联性。气泡图是散点图的一种变体，它在保留散点图两个变量的基础上引入了第 3 个变量，并用气泡的大小来表示。因此，气泡图可以同时展示 3 个变量之间复杂的相互影响。

已知某公司开发的 5 款 App 的运营数据，包括用户月均使用小时数、月活跃用户数、月均收入，下面通过创建散点图和气泡图，分析这些 App 的运营情况。

◎ 原始文件：实例文件 \ 第11章 \ 11.1 \ 11.1.3 \ 散点图和气泡图1.pbix
◎ 最终文件：实例文件 \ 第11章 \ 11.1 \ 11.1.3 \ 散点图和气泡图2.pbix

步骤 01 创建散点图。打开原始文件，❶在"可视化"窗格的"生成视觉对象"选项卡下单击"散点图" ，❷将"数据"窗格中的"用户月均使用小时数""月活跃用户数""App"这 3 个字段分别拖动到"可视化"窗格中的"X 轴""Y 轴""图例"选项下，如图 11-21 所示。在"设置视觉对象格式"选项卡下设置视觉对象的格式，如"X 轴""Y 轴""标题"等。为了美化数据点的外观，❸在"标记→形状"选项组中设置"类型""样式""大小"等选项，如图 11-22 所示。

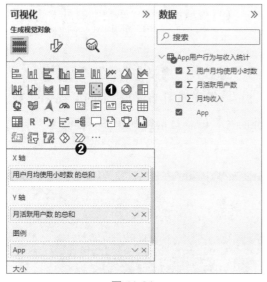

图 11-21

图 11-22

步骤 02 查看散点图的效果。在画布中调整散点图的大小和位置，并适当设置其他元素的格式，得到如图 11-23 所示的效果。这张散点图可以在一定程度上展现 App 的受欢迎程度。例如，B 的两个指标均处于遥遥领先的地位，说明它很受欢迎；D 的月活跃用户数排在第 2 位，用户月均使用小时数却最低，说明它可能存在内容缺乏吸引力、使用体验差等问题，影响了用户的停留意愿。对于商业公司来说，产品的受欢迎程度最终还是要落实到收入水平上，因此，还需要在图表中引入"月均收入"指标，做进一步的分析。

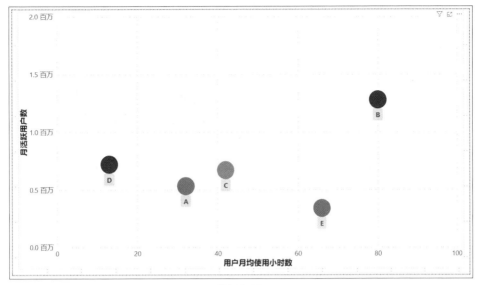

图 11-23

步骤 03 创建气泡图。将散点图所在报表页重命名为"散点图"，然后复制该报表页，并将所得报表页重命名为"气泡图"。切换至"气泡图"页，选中散点图，在"可视化"窗格中切换至"生成视觉对象"选项卡，❶将"数据"窗格中的"月均收入"字段拖动到"可视化"窗格中的"大小"选项下。在"可视化"窗格中切换至"设置视觉对象格式"选项卡，❷在"标记→形状"选项组中适当调小"大小"选项，如图 11-24 所示。

图 11-24

步骤 04 查看气泡图的效果。在画布中可以看到，引入第 3 个字段"月均收入"后，散点图变成了气泡图，气泡的大小反映了月均收入的大小，将鼠标指针放在某个气泡上，在弹出的工具提示中会显示相应的数据值，如图 11-25 所示。结合步骤 02 的散点图综合分析，B 的 3 个指标都最高，说明它在商业上取得了成功；D 的月均收入最低，说明它尽管用户基数大，但可能存在变现策略不当、用户质量不高等问题，从而影响了收入。

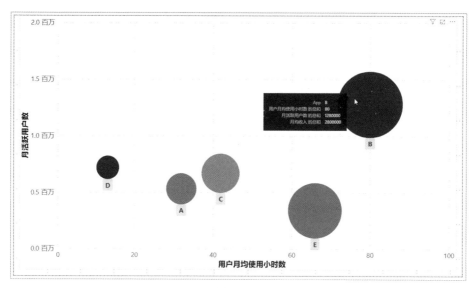

图 11-25

11.1.4 饼图和环形图

饼图是一种将圆形分为若干扇形的视觉对象，每个扇形的面积代表总体中某一部分所占的比例。各个部分所占比例相差越大，越适合使用饼图来展示。环形图是饼图的一种变体，它的特点是中心被挖空，形成了一个环状结构，外观上相较饼图而言更具现代感和设计感。

已知整年的商品销售数据，下面通过创建饼图和环形图，展示各类商品的销售成本比例和销售利润比例，从中挑选出值得加大销售力度的商品类别。

◎ 原始文件：实例文件＼第11章＼11.1＼11.1.4＼饼图和环形图1.pbix
◎ 最终文件：实例文件＼第11章＼11.1＼11.1.4＼饼图和环形图2.pbix

步骤 01 创建饼图和环形图。打开原始文件，在"可视化"窗格中单击"饼图" ◐，❶在"数据"窗格中勾选"商品类别"和"销售成本"字段。单击报表画布中的空白区域，在"可视化"窗格中单击"环形图" ◉，❷在"数据"窗格中勾选"商品类别"和"销售利润"字段，如图 11-26 所示。

图 11-26

　　步骤 02 设置格式。选中饼图，❶在"可视化"窗格中切换至"设置视觉对象格式"
选项卡，❷在"视觉对象"选项卡下的"详细信息标签→选项"选项组中设置"位置"和
"标签内容"，如图 11-27 所示。选中环形图，❸在"视觉对象"选项卡下的"扇区→间距"
选项组中拖动"内半径"右侧的滑块，调整环形图的内径大小，如图 11-28 所示。

　　步骤 03 查看报表效果。继续设置视觉对象的数据标签、标题等元素的格式，并调整
视觉对象的位置和大小，得到如图 11-29 所示的饼图和环形图效果。由图可见，无论是销
售成本还是销售利润，"自行车"都占 80% 以上，说明该类商品是获取销售收入的主力，
需要重点对待。此外，"骑行装备"的销售成本占比低于"配件"，销售利润占比却高于"配
件"，这说明可以重点关注"骑行装备"类商品的销售情况，以获取更高的利润。

图 11-27

图 11-28

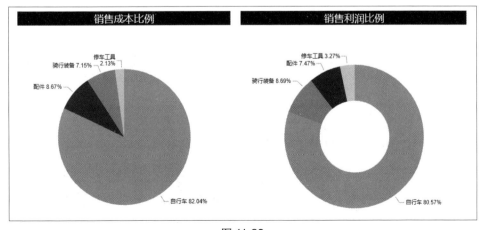

图 11-29

11.1.5　切片器

　　切片器是一种特殊的视觉对象，它可以筛选其他类型视觉对象中的数据。需要注意的是，用于创建切片器的字段有一定的要求，该字段必须来自其他视觉对象的数据源表，或者该字段所属的数据源表与其他视觉对象的数据源表之间存在数据关系，这样切片器才能与其他视觉对象建立关联，从而筛选数据。

　　已知整年的商品销售数据，下面通过创建切片器，让用户可以灵活地选择查看不同商品类别、商品名称、时间段的销售数据。

　　◎ 原始文件：实例文件 \ 第11章 \ 11.1 \ 11.1.5 \ 切片器1.pbix
　　◎ 最终文件：实例文件 \ 第11章 \ 11.1 \ 11.1.5 \ 切片器2.pbix

　　步骤 01 创建切片器。打开原始文件，切换至"第 1 页"报表页，在"可视化"窗格的"生成视觉对象"选项卡下单击"切片器" 🔲，设置切片器字段为"1 月销售数据"表的"商

品类别"。❶在"可视化"窗格中切换至"设置视觉对象格式"选项卡，❷在"视觉对象"选项卡下的"切片器设置→选项"选项组下设置"样式"为"磁贴"，如图 11-30 所示。根据实际需求设置"切片器标头""值"等选项。使用相同的方法创建"商品名称"字段的切片器，然后适当调整两个切片器的大小和位置。

图 11-30

　　步骤 02 使用切片器。在"商品类别"切片器中单击某个类别，如"骑行装备"，如图 11-31 所示，上方 4 个卡片图将只显示该类别的销售数据。在"商品名称"切片器中单击某种商品，如"骑行头盔"，则可让卡片图只显示该商品的销售数据。如果要清除筛选条件，可单击切片器右上角的"清除选择"按钮，如图 11-32 所示。

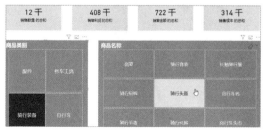

图 11-31

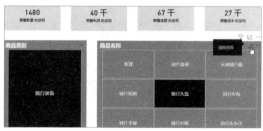

图 11-32

步骤 03 创建日期切片器。切换至"第2页"报表页，可看到展示 1 月份每日销售金额的柱形图。利用"可视化"窗格创建"销售日期"字段的切片器，然后切换至"设置视觉对象格式"选项卡，在"视觉对象"选项卡下的"切片器设置→选项"选项组中设置"样式"为"介于"，如图 11-33 所示。使用前面介绍的方法，根据实际需求完成切片器的视觉对象格式设置，并适当调整切片器的大小和位置。

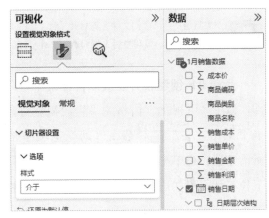

图 11-33

步骤 04 使用滑块进行筛选。拖动切片器上的滑块，即可改变柱形图中数据的日期范围，如图 11-34 所示。

步骤 05 使用日历表进行筛选。除了使用滑块改变日期范围，还可以单击日期输入框，直接输入日期（格式为"yyyy/m/d"），或者在展开的日历表中选择日期，如图 11-35 所示。如果要清除筛选，可单击切片器右上角的"清除选择"按钮。

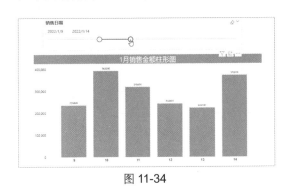

图 11-34

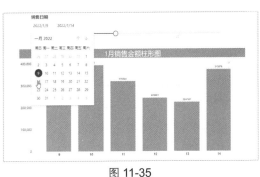

图 11-35

11.1.6　表

表以二维表格的形式展示数据。它还支持条件格式，可以通过背景色、字体颜色、数据条等实现多样化的数据可视化。

已知整年的商品销售数据，下面通过创建表，直观地展示和比较各商品的销售金额、销售利润、销售成本。

◎ 原始文件：实例文件 \ 第11章 \ 11.1 \ 11.1.6 \ 表1.pbix
◎ 最终文件：实例文件 \ 第11章 \ 11.1 \ 11.1.6 \ 表2.pbix

步骤 01 创建表并设置条件格式。打开原始文件，❶在"可视化"窗格的"生成视觉对象"选项卡下单击"表"⊞，❷在"列"选项下依次添加所需字段，❸单击"销售利润的总和"字段右侧的下拉按钮，❹在展开的列表中单击"条件格式→背景色"选项，如图 11-36 所示。

步骤 02 设置背景色。在打开的"背景色－销售利润的总和"对话框中配置背景色。为了快速完成设置，❶直接勾选"添加中间颜色"复选框，对

图 11-36

给定的值范围使用离散的颜色值，❷单击"确定"按钮，如图 11-37 所示。使用相同的方法为"销售金额的总和"字段添加"字体颜色"的条件格式，为"销售成本的总和"字段添加"数据条"的条件格式。

背景色 - 销售利润 的总和 ✕

格式样式	应用于
渐变 ⌄	仅值 ⌄

应将此基于哪个字段?	摘要	应如何设置空值的格式?
销售利润 的总和 ⌄	求和 ⌄	为 0 ⌄

最小值	居中	最大值
最低值 ⌄ ▢ ⌄	中间值 ⌄ ▢ ⌄	最高值 ⌄ ▢ ⌄
输入值	输入值	输入值

☑ 添加中间颜色 ❶

详细了解条件格式设置　　　　　　　　　　　　　　❷ **确定** 取消

图 11-37

步骤 03 查看报表效果。创建"商品类别"字段的切片器，并适当设置其样式。在切

片器中单击要查看的商品类别，如"配件"，表中将只显示"配件"类商品的销售数据，并且借助各字段的条件格式，可以直观地比较各商品的销售数据大小，如图 11-38 所示。

商品类别	商品名称	销售金额 的总和	销售利润 的总和	销售成本 的总和
配件	自行车车灯	2968938	1154587	
	尾灯	1489504	384928	
装行装备	车把	647710	255675	
	自行车车锁	482184	214304	
	打气筒	471196	299852	
	脚踏	415017	261307	
	挡泥板	283591	166243	
修车工具	坐垫	531776	417824	
	水壶架	392375	282510	
	货架/尾架	353340	259116	
	脚撑	369720	298620	
自行车	车铃	208012	142324	
	总计	**8613363**	**4137290**	**4476073**

图 11-38

11.1.7　矩阵

矩阵是受 Excel 数据透视表的启发，在 Power BI 的可视化框架内实现的一种视觉对象。它不仅保留了行 / 列分级结构、自动聚合数据等数据透视表的核心特性，还支持向下钻取、条件格式等新功能。

已知全年的商品销售数据，下面通过创建矩阵，展示和比较各季度的商品销售数量。

◎ 原始文件：实例文件 \ 第11章 \ 11.1 \ 11.1.7 \ 矩阵1.pbix
◎ 最终文件：实例文件 \ 第11章 \ 11.1 \ 11.1.7 \ 矩阵2.pbix

步骤 01　创建矩阵并向下钻取。打开原始文件，创建"矩阵"视觉对象▦，设置行字段为"商品类别"和"商品名称"，列字段为"销售日期"，值字段为"销售数量"，适当设置视觉对象格式，并调整列宽、大小和位置。此时可看到各商品类别全年的销售数量数据，通过数据条可直观对比数据大小。如果要按季度查看销售数量，❶用鼠标右键单击销售日期，❷在弹出的快捷菜单中单击"向下钻取"命令，如图 11-39 所示。

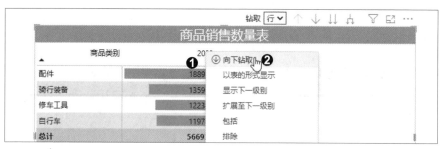

图 11-39

步骤 02 继续向下钻取。随后即可看到各商品类别在各季度的销售数量。如果要查看某一类别下各个商品的销售数量，❶用鼠标右键单击该类别，如"配件"，❷在弹出的快捷菜单中单击"向下钻取"命令，如图 11-40 所示。随后即可看到"配件"类别下各个商品在各季度的销售数量，如图 11-41 所示。

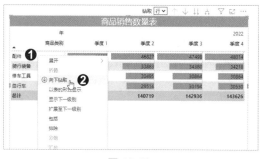

图 11-40

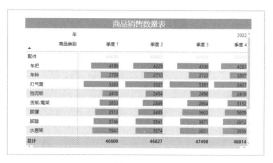

图 11-41

11.1.8　树状图

树状图以一组填色矩形的形式展示数据，较大的数值对应较大的矩形面积，从而直观地展示数据的占比。对于分层数据，树状图还能以嵌套矩形的形式展示数据间的层级关系。树状图的每一处区域都用在了呈现数据上，没有任何空白，可以说是空间利用率最高的视觉对象之一。

◎ 原始文件：无

◎ 最终文件：实例文件 \ 第11章 \ 11.1 \ 11.1.8 \ 树状图.pbix

展示各个商品销售数量的单层树状图如图 11-42 所示。图中不同颜色的矩形代表不同的商品，矩形的大小则代表商品的销售数量，很容易就能看出不同商品的销售数量占比情况。此外，多个小矩形始终会组合成一个完整的大矩形。

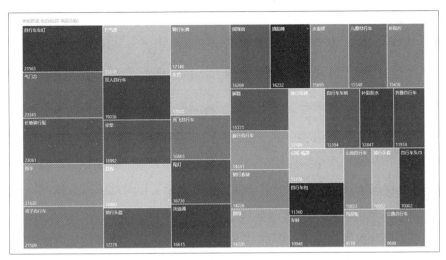

图 11-42

展示不同类别下各个商品销售数量的双层树状图如图 11-43 所示。双层树状图将一个大矩形按商品类别划分为若干个中矩形，并填充以不同的颜色。每个中矩形内部又按商品名称划分为若干个相同颜色的小矩形。这样既能通过中矩形比较各个商品类别的销售数量，又能在各个中矩形内部通过小矩形比较同一类别下各个商品的销售数量。

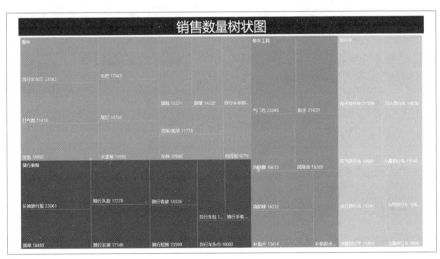

图 11-43

11.1.9　漏斗图

漏斗图用于直观地展示包含多个阶段的顺序线性流程。它的设计形如漏斗，上端宽而下端窄，形象地表现了在一系列连续阶段中数据量逐渐减少或转化率下降的情况。通过观察各阶段的数据变化以及初始阶段和最终阶段的差距，可快速发现问题所在。

◎ 原始文件：无

◎ 最终文件：实例文件＼第11章＼11.1＼11.1.9＼漏斗图.pbix

漏斗图常用于分析业务流程的转换效率，例如，从潜在客户逐步转变为最终下单客户的情况，帮助用户快速识别流程中的关键转换点和潜在的瓶颈。图 11-44 所示的漏斗图展示了某网店的客户从浏览商品到完成交易的各个阶段的人数。将鼠标指针放在"放入购物车"阶段上，在浮动的工具提示中会显示此阶段的人数，以及此阶段人数占第一个阶段人数和上一个阶段人数的百分比。可以看到，从"浏览商品"阶段到"放入购物车"阶段，人数减少了一大半，流失率很高。因此，这家网店的店主需要考虑优化商品详情页，激发客户将商品放入购物车的欲望，从而提高这一步的转化率，为后续阶段的转化打好基础。

将鼠标指针放在"生成订单"阶段上，查看此阶段的相关数据，如图 11-45 所示。根据此阶段人数占上一个阶段人数的百分比，可发现被商品详情页打动并将商品放入购物车的客户中，只有一半的客户提交了订单。此时可从商品的评价、物流、价格、存货等方面入手，找出影响客户提交订单的原因。

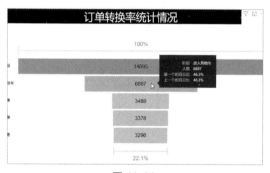

图 11-44

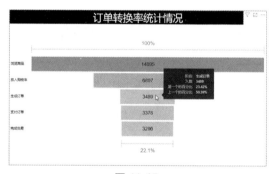

图 11-45

11.1.10 KPI

KPI 即关键绩效指标，是衡量流程绩效的一种目标式量化管理指标，是企业绩效管理的基础。KPI 视觉对象常用于直观展现实际业绩和目标业绩之间的差距，结合切片器，还可以直接量化各个维度或时间段的指标考核。

◎ 原始文件：无

◎ 最终文件：实例文件＼第11章＼11.1＼11.1.10＼KPI.pbix

图 11-46 所示为根据 12 月的实际销售额和目标销售额制作的 KPI 视觉对象，中间的大字为实际销售额，下面的小字为目标销售额，括号中的"+31.5%"代表实际销售额超出了目标销售额 31.5%，背景中的阴影部分为 1 月至 12 月的实际销售额变动趋势。

在报表中添加一个"销售月份"字段的切片器，效果如图 11-47 所示。在切片器中单击要查看的月份，如 4 月，可看到 4 月的实际销售额数据呈红色，说明 4 月未完成目标，而且由于被切片器筛选，背景中的趋势图消失了。此时的 KPI 视觉对象相当于一个带有目标值的卡片图。

图 11-46

图 11-47

11.1.11　卡片图和多行卡

卡片图适合用于展示重要的单个指标，如总销售额、同比市场份额、同比增长率等。多行卡则用于同时展示多个指标。

◎ 原始文件：无

◎ 最终文件：实例文件＼第11章＼11.1＼11.1.11＼卡片图和多行卡.pbix

如图 11-48 所示，左侧的 3 个卡片图分别展示了所有商品全年的销售成本、销售金额、销售利润，右侧的多行卡则展示了各个商品类别下各商品全年的销售数量。

图 11-48

11.1.12 瀑布图

瀑布图因自上而下形似瀑布而得名，它不仅能直观反映各项数据的大小，还能反映各项数据的增减变化，非常适合用于分析经营数据和财务数据。

◎ 原始文件：无

◎ 最终文件：实例文件＼第11章＼11.1＼11.1.12＼瀑布图.pbix

基于某公司各收支项目的金额制作的瀑布图如图 11-49 所示。可以看出，主要的收入项目是"营业收入"，主要的支出项目是"营业成本"，通过最后的"总计"可以看出该公司是盈利的。

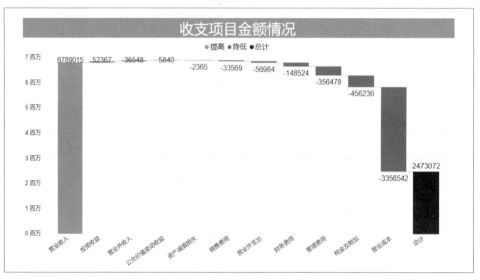

图 11-49

借助支持识图功能的 AI 工具（如通义千问），可以获得更多的信息和建议。演示对话如下：

（上传瀑布图高清截图）

我需要你扮演一位资深的企业数据分析师，请查看并分析这张图表，回答以下 3 个问题：

（1）这张图表主要展示了什么内容？

（2）根据这张图表可以得出哪些结论？

（3）根据这张图表反映的情况应该采取哪些措施？

（1）这张图表是一个瀑布图，展示了某企业的收支项目金额情况。图表中列出了多个不同的项目，包括营业收入、投资收益、营业外收入、公允价值变动收益、资产减值损失、销售费用、营业外支出、财务费用、管理费用、税金及附加、营业成本等。每个项目的金额用不同颜色的柱子表示，其中绿色代表提高，红色代表降低，黑色代表总计。

（2）根据这张图表可以得出以下结论：

①营业收入是该企业最大的收入来源。

②投资收益和营业外收入都较低。

③营业成本占营业收入的比例较大。

（3）针对上述情况，建议该企业采取以下措施：

①加强对营业收入的管理和监控，确保其稳定增长。

②提高投资收益水平，寻找更多的投资机会。

③优化产品结构和服务质量，提高成本管理水平和产品盈利能力，以降低营业成本。

11.1.13　仪表

仪表常用于展示某个指标的完成进度，其广泛应用于经营数据分析、财务指标跟踪、绩效考核等方面。

◎ 原始文件：无

◎ 最终文件：实例文件 \ 第11章 \ 11.1 \ 11.1.13 \ 仪表.pbix

图 11-50 所示的仪表视觉对象 直观地展示了商品的全年实际销售金额与目标销售金额之间的关系。左半边的圆弧代表实际销售金额，指针代表目标销售金额，两者之间还有一定距离，说明没有完成目标。

图 11-50

11.1.14　组合图

组合图是指将两个图表合并成一个图表的单个视觉对象，主要有两种：折线图和堆积柱形图的组合、折线图和簇状柱形图的组合。

◎ 原始文件: 无

◎ 最终文件: 实例文件 \ 第11章 \ 11.1 \ 11.1.14 \ 组合图.pbix

图 11-51 所示为基于 2021 年和 2022 年的月度销售额数据制作的折线图和簇状柱形图的组合图。其中，簇状柱形图用于对比不同年份中同一月份的销售额大小，折线图则用于展示月度销售额同比增幅的变动趋势。

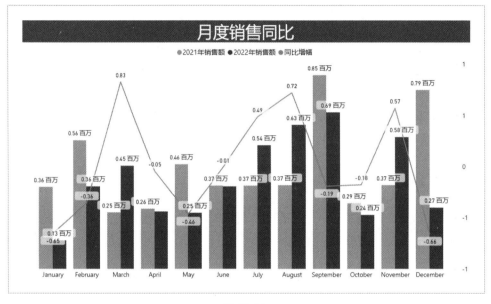

图 11-51

11.1.15 丝带图

丝带图可在连续的时间区间内连接一个数据类别，并在每个时间段内始终将数据类别的最大值显示在最顶部，还能高效地显示排名变化。

◎ 原始文件: 无

◎ 最终文件: 实例文件 \ 第11章 \ 11.1 \ 11.1.15 \ 丝带图.pbix

图 11-52 所示为基于 1 月的商品销售数据制作的丝带图，其展示了该月每天各商品类别的销售金额排名变化情况。可以看到，"自行车"类商品的销售金额排名始终最高，"修车工具"类商品的销售金额排名始终最低，而"配件"和"骑行装备"类商品的销售金额排名则呈波动式交替变化。

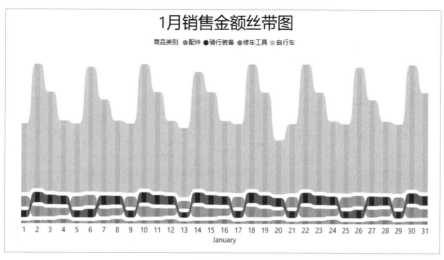

图 11-52

11.2　使用组功能归类数据

为了更清楚地查看、分析和浏览视觉对象中的数据和趋势，可以对数据点进行分组。

现有一个展示不同商品销售数量的柱形图，下面利用组功能将属于同一类别商品的数据标识为同种颜色。

◎ 原始文件：实例文件＼第11章＼11.2＼使用组功能归类数据1.pbix
◎ 最终文件：实例文件＼第11章＼11.2＼使用组功能归类数据2.pbix

步骤 01 新建组。打开原始文件，❶在"可视化"窗格的"生成视觉对象"选项卡下用鼠标右键单击"X 轴"中的"商品名称"字段，❷在弹出的快捷菜单中单击"新建组"命令，如图 11-53 所示。

步骤 02 设置分组选项。弹出"组"对话框，❶勾选"包括其他组"复选框，❷在"未分组值"列表框中，按住〈Ctrl〉键依次单击选中要分为一个组的商品名称，❸然后单击"分组"按钮，如图 11-54 所示。

图 11-53

　　步骤 03 完成分组。双击"组和成员"列表框中的组名称，将其更改为"骑行装备"。使用相同的方法将同类商品创建为一个组，并设置组名。在创建最后一个组时，不需要在"未分组值"列表框中选择商品名称，❶只需要重命名"其他"组即可，❷完成后单击"确定"按钮，如图 11-55 所示。

图 11-54

图 11-55

　　步骤 04 查看分组效果。返回报表，即可根据颜色分辨每一种商品所属的类别。例如，销售数量最高的"自行车车灯"属于"配件"类，销售数量最低的"公路自行车"属于"自行车"类，如图 11-56 所示。

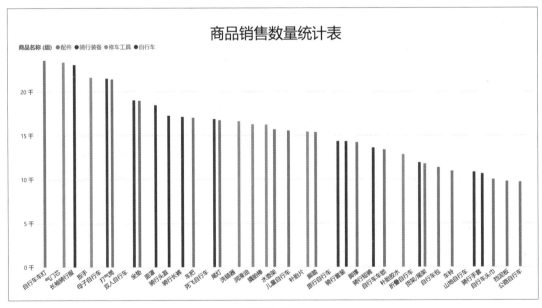
图 11-56

11.3　使用预测功能预测未来区间

如果折线图视觉对象的数据源中有时间数据，则可使用预测功能基于历史数据预测未来区间。已知 2023 年 1 月至 2024 年 2 月的销售额数据，现在需要预测未来 3 个月（2024年 3 月至 5 月）的销售额变化趋势和大致范围。

◎ 原始文件：实例文件 \ 第11章 \ 11.3 \ 使用预测功能预测未来区间1.pbix
◎ 最终文件：实例文件 \ 第11章 \ 11.3 \ 使用预测功能预测未来区间2.pbix

步骤 01 查看折线图。打开原始文件，可看到根据已知的销售额数据制作的折线图。将鼠标指针放在折线图的任意一个数据点上，可查看具体的日期及对应的销售额数据，如图 11-57 所示。

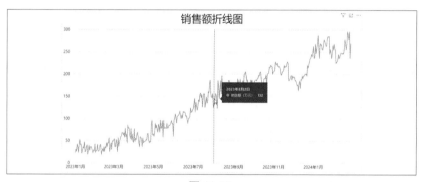

图 11-57

步骤 02 使用预测功能。选中折线图，❶在"可视化"窗格中切换至"分析"选项卡，❷单击"预测"右侧的开关按钮，启用该选项，❸在"选项"选项组中设置"单元"为"月"、"预测长度"为 3、"季节性"为90 点、"置信区间"为 95%，❹单击"应用"按钮。❺在"预测行"选项组中设置"颜色"为"#015C55"、"样式"为"实线"、"透明度"为 80%，❻在"工具提示标题"选项组中设置"标题文本"为"预测未来 3 个月的销售额"，如图 11-58 所示。

图 11-58

> ⚡ 提示
>
> 预测功能中各个参数的含义如下。
>
> 预测长度：需要预测的时间长度，在本例中是 3 个月。
>
> 忽略最后：如果最近的数据不完整或不可靠，可通过设置此参数来忽略一定时间段的数据点。
>
> 置信区间：用于表达对预测值不确定性的范围估计。它给出了预测值可能变动的一个区间，这个区间以一定的置信水平（通常用百分比表示）来量化我们对预测准确性的信心。例如，设置一个 95% 的置信区间，则意味着如果进行多次预测，我们预期有 95% 的情况下未来的真实值会落在预测曲线所界定的阴影区域内，而剩余 5% 的情况则可能落在阴影区域外。
>
> 季节性：如果数据具有重复出现的模式（如每月或每年的趋势），可启用或调整季节性。Power BI 通常能自动检测季节性周期，但必要时也可以手动设置。

步骤 03 查看预测结果。随后可在折线图的右侧看到新增的预测曲线，其代表未来 3 个月的销售额走势及大致的区间范围。将鼠标指针放在预测曲线的任意一个数据点上，可看到该数据点对应的具体日期、预测值、预测区间的上限和下限，如图 11-59 所示。

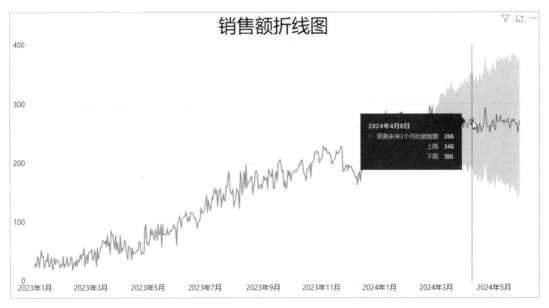

图 11-59

11.4　使用工具提示制作悬浮图表

利用工具提示功能可以制作出鼠标指针悬停在视觉对象的数据系列上时，同步显示该数据系列下的其他视觉对象的效果。这样不仅可以查看总体数据，也可以查看某个数据系列的具体数据，既灵活又方便。

现有一张月度销售利润对比柱形图，下面使用工具提示制作悬浮图表，在该视觉对象上同步展示某月的商品类别销售利润占比情况。

◎ 原始文件：实例文件 \ 第11章 \ 11.4 \ 使用工具提示制作悬浮图表1.pbix

◎ 最终文件：实例文件 \ 第11章 \ 11.4 \ 使用工具提示制作悬浮图表2.pbix

步骤01　新建并重命名报表页。打开原始文件，在报表中新建一个空白页，并重命名为"工具提示"，如图 11-60 所示。

图 11-60

步骤02　设置工具提示选项。❶在"可视化"窗格中切换至"设置页面格式"选项卡，❷在"画布设置"选项组中的"类型"下拉列表框中选择"工具提示"选项，如图 11-61 所示。随后画布区域会自动调整"页面视图"为"实际大小"。

步骤03　在"工具提示"页中创建视觉对象。❶在"可视化"窗格中切换至"生成视觉对象"选项卡，❷单击"饼图"，❸在"数据"窗格中勾选所需字段，如图 11-62 所示。

图 11-61

图 11-62

步骤 04 查看饼图效果。随后在"设置视觉对象格式"选项卡下设置饼图的格式，效果如图 11-63 所示。

步骤 05 使用报表页作为工具提示。创建好"工具提示"页后，可将其配置到其他页中，以工具提示的形式显示在指定的视觉对象上方。切换至"第 1 页"，选中柱形图，在"可视化"窗格中切换至"设置视觉对象格式"选项卡下的"常规"选项卡，❶开启"工具提示"选项，❷在"页码"下拉列表框中选择"工具提示"选项，如图 11-64 所示。

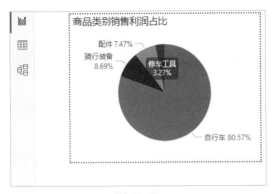

图 11-63　　　　　　　　　　　　　　　图 11-64

步骤 06 显示悬浮图表。将鼠标指针放在柱形图中任意一个月的数据系列上，如 3 月的柱形上，可看到悬浮的工具提示，其中显示了 3 月的商品类别销售利润占比饼图，如图 11-65 所示，极大地方便了从不同角度研究数据。

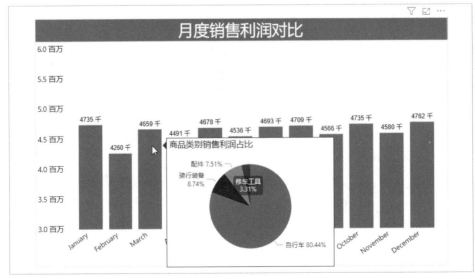

图 11-65

第12章
Power BI 服务

Power BI 服务是一种基于云的在线服务。在实际工作中，大多数企业都使用 Power BI Desktop 创建报表，然后使用 Power BI 服务共享和发布报表。本章将讲解报表的发布、仪表板的制作和编辑、团队协作与共享等内容。

12.1　将报表发布到 Power BI 服务

将 Power BI Desktop 中的报表发布到 Power BI 服务中后，就能随时随地跨平台管理、维护和分析数据。将 Power BI Desktop 文件发布到 Power BI 服务中后，模型中的数据及生成的所有报表都会发布到 Power BI 服务的工作区。

◎ 原始文件：原始文件：实例文件 \ 第12章 \ 12.1 \ 全年销售统计报表.pbix
◎ 最终文件：无

步骤 01 调用"发布"功能。打开原始文件，在 Power BI Desktop 中单击"文件"菜单，在展开的界面中执行"发布→发布到 Power BI"命令，如图 12-1 所示。此时会弹出提示框提示保存文档，单击"保存"按钮即可。

图 12-1

步骤 02 发布到 Power BI。如果未登录 Power BI 账户，则会弹出登录界面，登录完成后，弹出"发布到 Power BI"对话框，❶选择目标位置，如"我的工作区"，❷单击"选择"按钮，如图 12-2 所示。

步骤 03 完成报表的发布。等待一段时间后，报表发布完成，在对话框中会显示报表的链接，单击该链接，如图 12-3 所示。

图 12-2   图 12-3

步骤 04 查看报表发布效果。 随后会在默认浏览器中打开发布的报表，如图 12-4 所示。如果报表含有多个页面，可利用左侧的页面选项卡进行切换查看。

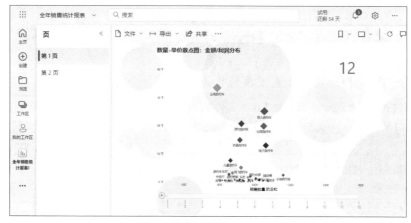

图 12-4

⚡ 提 示

　　在 Power BI 服务中对报表进行的任何更改，如添加、删除或编辑报表中的视觉对象，都不会保存到原始的 Power BI Desktop 文件中。

▌**12.2** 制作和编辑仪表板

　　仪表板是 Power BI 服务的一个功能，它是通过视觉对象展示数据的单个页面，常用于监控重要的业务指标。仪表板上的视觉对象称为磁贴，通过 Power BI 服务中的报表，可将磁贴固定到仪表板中。需要注意的是，在 Power BI Desktop 和移动设备上无法创建仪表板，但可以在移动设备中查看和共享仪表板。

12.2.1　制作仪表板

将报表发布到 Power BI 服务后，可以创建仪表板来监视数据。

步骤 01 打开报表。继续 12.1 节的操作，返回"我的工作区"页面，单击之前发布的报表"全年销售统计报表"，如图 12-5 所示。

图 12-5

步骤 02 预览报表的第 1 页。默认进入阅读视图，查看报表的第 1 页，单击散点图中的任意一个数据标记，如"山地自行车"，可看到散点图上自动显示了该商品的名称、销售数量等信息，以及该商品在不同时间段内的连线路径，如图 12-6 所示。

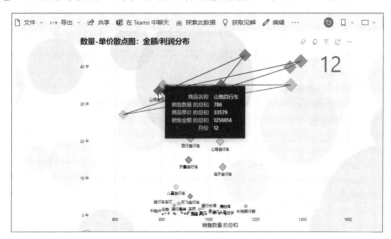

图 12-6

步骤 03 创建视觉对象。单击工具栏中的"编辑"按钮，进入编辑视图，在第 1 页中为"商品类别"字段创建切片器，然后适当调整各个视觉对象的大小和位置，效果如图 12-7 所示。

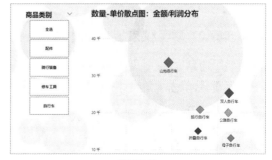

图 12-7

步骤 04 固定视觉对象。❶选中报表中的散点图，❷单击该视觉对象右上角的"固定视觉对象"按钮，如图 12-8 所示。

步骤 05 新建仪表板。❶在弹出的"固定到仪表板"对话框中单击"新建仪表板"单选按钮，❷在"仪表板名称"文本框中输入名称，❸维持默认的磁贴主题设置，❹单击"固定"按钮，如图 12-9 所示，即可将视觉对象固定到新建的仪表板中。

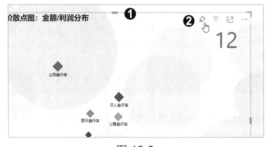

图 12-8

图 12-9

步骤 06 固定报表页。返回编辑视图，切换至第 2 页。❶单击编辑视图右上角的"固定到仪表板"按钮，如图 12-10 所示。❷在弹出的对话框中单击"现有仪表板"单选按钮，❸在"选择现有仪表板"下拉列表框中选择步骤 05 中创建的"年度数据"仪表板，❹单击"固定活动页"按钮，如图 12-11 所示。

图 12-10

图 12-11

步骤 07 转至仪表板。此时界面右上角会显示一个"已固定至仪表板"对话框，在对话框中单击"转至仪表板"按钮，如图 12-12 所示。

图 12-12

步骤 08　查看仪表板。随后会进入仪表板界面，可看到之前固定的单个视觉对象和整个报表页，如图 12-13 所示。用户可以和仪表板中的视觉对象交互，视觉对象也会随着报表数据的变化自动更新，让用户可以跟踪最新的进展。

步骤 09　删除磁贴。如果要删除仪表板中的某个磁贴，如散点图，❶单击该磁贴右上角的"更多选项"按钮，❷在展开的列表中单击"删除磁贴"选项即可，如图 12-14 所示。

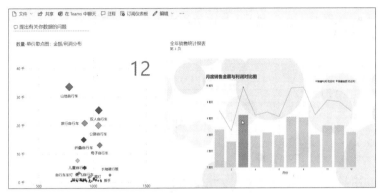

图 12-13

图 12-14

12.2.2　使用"问答"功能探索数据

Power BI 服务中的"问答"功能可以理解用户用自然语言提出的问题，并自动搜索数据，智能创建合适的视觉对象来呈现答案。

步骤 01　搜索和固定答案。继续 12.2.1 节的操作，单击仪表板上的问答搜索框，❶可以在框中输入问题，这里直接选择建议的问题，如图 12-15 所示，❷随后会以视觉对象的形式展示问题的答案。如果要将包含答案的视觉对象固定到仪表板，❸单击"固定视觉对象"按钮，如图 12-16 所示。

图 12-15

图 12-16

步骤 02 固定到现有仪表板。弹出"固定到仪表板"对话框，❶单击"现有仪表板"单选按钮，❷在"选择现有仪表板"下拉列表框中选择"年度数据"仪表板，❸单击"固定"按钮，如图 12-17 所示。

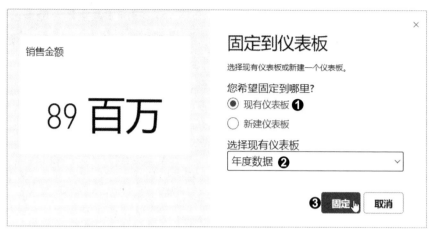

图 12-17

步骤 03 查看固定效果。使用相同的方法在问答搜索框中搜索需要的答案，并将包含答案的视觉对象固定到仪表板，最终效果如图 12-18 所示。

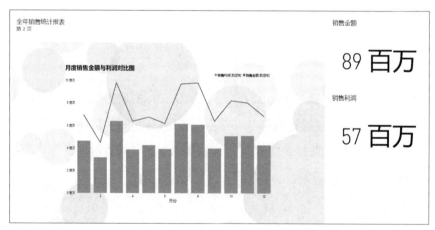

图 12-18

12.2.3 在仪表板中添加文本框

为了丰富仪表板的内容，可以在仪表板中添加文本框、图像、视频等类型的磁贴。本节以添加文本框磁贴为例讲解具体的操作。

步骤 01 调用"添加磁贴"功能。继续 12.2.2 节的操作，在仪表板上方的工具栏中单击"编辑"按钮，在展开的列表中单击"添加磁贴"选项，如图 12-19 所示。

图 12-19

步骤 02 添加文本框。❶在右侧出现的"添加磁贴"窗格中单击"文本框"，❷然后单击"下一步"按钮，如图 12-20 所示。❸在"添加文本框磁贴"窗格中勾选"显示标题和副标题"复选框，❹在"标题"文本框中输入标题的内容，在"填写详细信息"下设置好内容的字体格式，❺单击"插入链接"按钮，❻在右侧的文本框中输入链接地址，❼单击"完成"按钮，激活链接地址，如图 12-21 所示。

图 12-20

图 12-21

步骤 03 完成磁贴内容编辑。❶在文本框中继续输入文本内容，❷完成后单击"应用"按钮，如图 12-22 所示。

步骤 04 查看文本框的效果。在仪表板中调整磁贴和文本框的大小和位置，得到如图 12-23 所示的仪表板效果。

图 12-22

图 12-23

12.2.4 在仪表板中添加数据警报

在 Power BI 服务中，可以为固定到仪表板上的仪表、KPI、卡片图等类型的视觉对象设置警报，在数据变动超出一定的限制时通知用户。需要注意的是，警报仅适用于刷新的数据，不适用于静态数据。本节将创建一个每天提醒一次的警报，当被跟踪的数据达到设定的阈值时，将会发送电子邮件提示用户。

步骤 01 调用"管理警报"功能。继续 12.2.3 节的操作，❶在仪表板中单击卡片图磁贴右上角的"更多选项"按钮，❷在展开的列表中单击"管理警报"选项，如图12-24 所示。

图 12-24

步骤 02 设置警报规则。❶在右侧出现的"管理警报"窗格中单击"添加警报规则"按钮，❷将"可用"开关按钮置于"开"状态，❸在"警报标题"文本框中输入描述警报内容的文本，如图 12-25 所示。❹继续在窗格中设置警报的详细参数，如"条件""阈值""最大通知频率"，❺勾选"同时向我发送电子邮件"复选框，❻单击"保存并关闭"按钮，如图 12-26 所示。

图 12-25

图 12-26

提示

　　如果要删除数据警报，可在"管理警报"窗格中单击警报名称右侧的"删除"按钮⬚。

12.2.5　为仪表板应用主题

　　通过设置仪表板主题，可以快速美化仪表板。需要注意的是，设置仪表板主题不会影响仪表板中视觉对象的外观。

◎ 原始文件：实例文件＼第12章＼12.2＼12.2.5＼Power View Themes（文件夹）
◎ 最终文件：无

　　步骤 01　调用"仪表板主题"功能。继续 12.2.4 节的操作。❶在仪表板上方的工具栏中单击"编辑"按钮，❷在展开的列表中单击"仪表板主题"选项，如图 12-27 所示。

图 12-27

　　步骤 02　自定义主题。打开"仪表板主题"窗格，默认主题是"浅色"，❶在下拉列表框中选择"自定义"选项，❷在展开的界面中可以设置仪表板的背景图像、背景色、磁贴背景、磁贴字体颜色、磁贴不透明度，❸设置完毕后单击"保存"按钮，如图 12-28 所示。

图 12-28

　　步骤 03　查看设置主题的效果。返回仪表板，查看设置主题的效果，如图 12-29 所示。

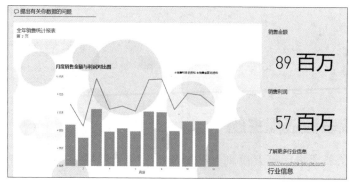

图 12-29

步骤 04　上传主题。除了选择预设主题和设置自定义主题，还可以上传 JSON 主题。❶在"仪表板主题"窗格中单击"上传 JSON 主题"按钮，如图 12-30 所示。❷在弹出的"打开"对话框中找到主题文件的保存位置，❸选择要上传的主题文件，❹单击"打开"按钮，如图 12-31 所示。

图 12-30

图 12-31

步骤 05　查看应用主题的效果。单击窗格中的"保存"按钮，即可对仪表板应用所选主题，效果如图 12-32 所示。

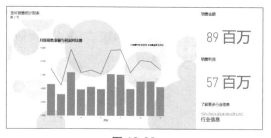

图 12-32

12.3　团队协作与共享

在 Power BI 服务中，可以通过创建工作区、共享仪表板、将报表发布到 Web 等方式实现团队协作与共享。

12.3.1　创建工作区与同事进行协作

Power BI 服务中的工作区是一个与同事协作创建仪表板、报表、语义模型等的空间。工作区支持向个人和用户组分配角色，即指定哪些人员可在工作区中执行哪些操作，从而实现团队协作。需要注意的是，所有工作区成员均需具有 Power BI Pro 许可证，但有权访问的同事不一定需要许可证。

步骤 01 创建工作区。❶在 Power BI 服务的导航窗格中单击"工作区"按钮，❷在展开的界面中单击"新建工作区"按钮，如图 12-33 所示。打开"新建工作区"窗格，❸在"名称"文本框中输入工作区名称，如"销售报表"，❹单击"应用"按钮，如图 12-34 所示。

图 12-33

图 12-34

步骤 02 编辑工作区。随后会自动进入"销售报表"工作区主界面，单击"工作区设置"按钮，如图 12-35 所示。打开"工作区设置"窗格，在其中可进行上载工作区图像、修改名称和联系人列表等操作，如图 12-36 所示。设置后单击窗格右上角的"关闭"按钮，即可确认修改并关闭窗格。如果要删除该工作区，则在窗格左侧单击"其他"标签，然后在右侧单击"删除工作区"按钮。

图 12-35

图 12-36

步骤 03 管理工作区的访问权限。❶在工作区主界面中单击"管理访问权限"按钮，打开"管理访问权限"窗格，❷单击"添加人员或组"按钮，如图 12-37 所示。进入"添加人员"界面，❸在搜索框中输入人员的姓名或电子邮件地址，❹在下方的下拉列表框中选择角色类型，如"参与者"，❺单击"添加"按钮，如图 12-38 所示，即可将该人员添加至工作区并分配所选角色。

图 12-37

图 12-38

💡 提示

工作区的角色分为管理员、成员、参与者、查看者 4 种类型。在"添加人员"界面中单击"了解详细信息"链接，可查看这 4 种角色的详细权限设置。

12.3.2 共享仪表板

要允许组织内外的用户访问 Power BI 服务中的仪表板，最简单的方法就是向这些用户共享仪表板。获得共享访问权限的人员可以查看仪表板并与其交互，但不能进行编辑。

步骤 01 调用"共享"功能。进入 Power BI 服务的"我的工作区"界面，在要共享的仪表板右侧单击"共享"按钮，如图 12-39 所示。

图 12-39

步骤 02 设置收件人和访问权限。打
开"共享仪表板"窗格，❶在文本框中输入
收件人的电子邮件地址，❷根据需求勾选复
选框，❸单击"授予访问权限"按钮，如图
12-40 所示。随后该收件人就能在 Power BI
服务的"浏览"界面的"与我共享"窗格
中看到该仪表板。

图 12-40

步骤 03 调用"管理权限"功能。若要停止对某个用户共享仪表板，则进入仪表板所
有者的 Power BI 服务工作区，❶单击仪表板名称右侧的"更多选项"按钮 ，❷在展开的
列表中单击"管理权限"选项，如图 12-41 所示。

步骤 04 调用"删除访问权限"功能。随后会进入该仪表板的权限管理界面，❶在
某个用户的电子邮件地址右侧的"权限"列中单击"更多选项"按钮，❷在展开的列表中
单击"删除访问权限"选项，如图 12-42 所示。

图 12-41

图 12-42

步骤 05 确认删除访问权限。弹出"删
除访问权限"对话框，❶勾选要禁止该用户
访问的其他相关项目，❷单击"删除访问
权限"按钮，如图 12-43 所示。返回仪表板
的权限管理界面，已看不到该用户的信息，
说明已停止共享。

图 12-43

12.3.3　将报表发布到 Web

借助 Power BI 服务中的"发布到 Web"功能，可将视觉对象或报表嵌入博客文章、网站、电子邮件或社交媒体中，供其他人查看。需要注意的是，使用此功能发布的内容，所有互联网用户不需要进行身份验证就能查看，甚至能看到明细数据。因此，在发布之前要仔细确认相关数据和内容是允许公开共享的。

步骤 01 调用"发布到 Web"功能。进入要共享的报表的编辑视图，❶单击"文件"按钮，❷在展开的列表中依次单击"嵌入报表→发布到 Web"选项，如图 12-44 所示。

步骤 02 生成嵌入代码。弹出"嵌入代码"对话框，可看到用于在电子邮件中发送的链接和用于粘贴到网站中的 HTML 代码，如图 12-45 所示。

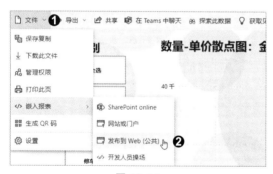

图 12-44　　　　　　　　　　　　　　　　图 12-45

步骤 03 查看共享报表的效果。将第一个链接复制、粘贴到浏览器的地址栏中，按〈Enter〉键打开，即可看到共享的报表，如图 12-46 所示。

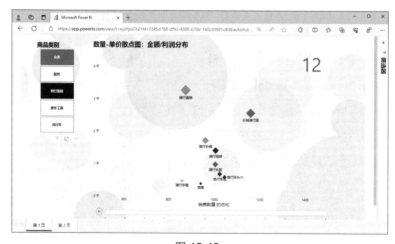

图 12-46

第13章
Power BI 实战演练

本章将通过一个综合实例对 Power BI 的基础知识和重点功能进行系统的回顾与应用，以帮助读者巩固所学并加深理解。需要说明的是，本实例中的数据是虚构的，不代表任何一家真实存在的企业的情况。

某电子产品专卖店在 8 个城市设有门店，主要销售的产品类别有手机、电脑、平板，每一类产品又分别来自 A、B、C 这 3 个品牌，因此，该专卖店销售的产品共 9 种。已知该专卖店在 2021 年和 2022 年的销售明细数据，本实例将使用 Power BI Desktop 分别从品牌、类别、门店城市、年度、总体概况 5 个方面对专卖店的销售情况进行可视化分析，并将分析结果分享到 Power BI 服务中，便于同事和领导共同查看和讨论。

◎ 原始文件：实例文件 \ 第13章 \ 实例分析1.xlsx、标志.png
◎ 最终文件：实例文件 \ 第13章 \ 实例分析2.xlsx、实例分析.pbix

13.1　导入数据

销售明细数据存放在 Excel 工作簿中，因此，首先需要将这些数据导入报表。这里按照 4.2.1 节讲解的方法，先在 Excel 工作簿中创建 Power Pivot 数据模型，再在 Power BI Desktop 中导入数据模型。

步骤 01 将表添加到数据模型。在 Excel 中打开工作簿"实例分析 1.xlsx"，❶在"Power Pivot"选项卡下的"表格"组中单击"添加到数据模型"按钮，❷在弹出的"创建表"对话框中设置数据源所在的单元格区域，❸勾选"我的表具有标题"复选框，❹单击"确定"按钮，如图 13-1 所示。

图 13-1

步骤 02 **完成数据模型的建立**。在打开的 Power Pivot for Excel 窗口中可看到添加到数据模型中的数据，使用相同的方法将其他工作表添加到数据模型。为便于区分不同的表，还可以在该窗口中对表进行重命名，如图 13-2 所示。完成数据模型的建立后，将工作簿另存为"实例分析 2.xlsx"，并关闭该工作簿。

步骤 03 **导入 Excel 工作簿**。启动 Power BI Desktop，单击"文件"按钮，❶在打开的视图菜单中单击"导入"，❷在级联列表中单击"Power Query、Power Pivot、Power View"选项，如图 13-3 所示。

图 13-2

图 13-3

步骤 04 **选择导入的文件**。❶在弹出的"打开"对话框中找到并选中 Excel 工作簿"实例分析 2.xlsx"，❷单击"打开"按钮，如图 13-4 所示。随后在"导入 Excel 工作簿内容"对话框中直接单击"启动"按钮，待导入完成后，❸单击"关闭"按钮，如图 13-5 所示。

图 13-4

图 13-5

步骤 05 **查看数据**。在 Power BI Desktop 窗口右侧的"数据"窗格中可看到导入的表，❶选中要查看的表，❷切换至表格视图，❸在数据网格中查看所选表中的数据，如图 13-6 所示。完成数据的导入后，保存报表。

图 13-6

13.2　建立数据关系

导入数据后通常还需要对数据进行清洗。这里假设导入的数据已经符合规范，可以直接进入数据建模中的建立关系环节。下面结合自动检测和手动创建两种方式完成这项任务。

步骤 01　调用"管理关系"功能。❶切换至模型视图，❷可看到导入的 6 个数据表，此时表之间还未创建关系，通过拖动表调整其位置，以便于浏览，❸在"主页"选项卡下的"关系"组中单击"管理关系"按钮，如图 13-7 所示。

步骤 02　自动检测关系。弹出"管理关系"对话框，❶单击"自动检测"按钮，稍等片刻，会弹出"自动检测"对话框，显示找到了 4 个新关系，❷单击"关闭"按钮，如图 13-8 所示。

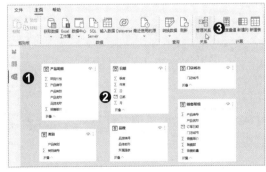

图 13-7

图 13-8

步骤 03 **手动创建关系**。返回"管理关系"对话框，❶可看到自动检测到的关系，如果还需要建立其他关系，❷则单击"新建"按钮，如图 13-9 所示。

图 13-9

步骤 04 **设置关系的参数**。❶选择相互关联的表和列，❷设置好"基数"和"交叉筛选器方向"，❸单击"确定"按钮，如图 13-10 所示。

图 13-10

步骤 05 **查看创建的关系**。返回 Power BI Desktop 窗口，在模型视图中查看表之间的关系，如图 13-11 所示。

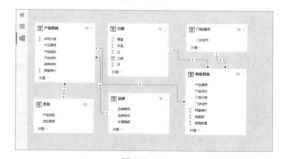

图 13-11

13.3 创建度量值

完成数据关系的定义后，接下来需要运用 DAX 公式创建度量值、计算列、计算表等计算对象。根据本实例的数据分析需求，只需要创建度量值。

按照 9.2.3 节讲解的方法，切换至表格视图，先创建一个空表"度量值表"，再在该表下创建所需度量值，创建结果如图 13-12 所示。

创建度量值的操作过程不再赘述，这里只按照创建顺序列出相应的 DAX 公式：

总销售数量 = SUM(' 销售明细 '[销售数量])

总销售额 = SUM(' 销售明细 '[销售额])

总销售成本 = SUMX(' 销售明细 ',' 销售明细 '[销售数量] *
RELATED(' 产品明细 '[采购价格]))

总销售利润 = [总销售额] - [总销售成本]

2021 年累计销售额 = TOTALYTD([总销售额],
SAMEPERIODLASTYEAR(' 日期 '[日期]))

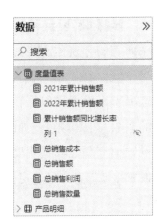

图 13-12

2022 年累计销售额 = TOTALYTD([总销售额],' 日期 '[日期])

累计销售额同比增长率 = DIVIDE([2022 年累计销售额], [2021 年累计销售额]) - 1

如果读者不理解上述 DAX 公式的含义、编写思路或相关函数的用法，可以利用 AI 工具对公式进行解读。

13.4　制作页面导航器

在报表中添加页面导航器，可以在多个报表页之间进行快速切换，从而提升数据展示和观点表达的灵活性。

步骤 01 插入图像。❶切换至报表视图，❷在"插入"选项卡下的"元素"组中单击"图像"按钮，❸在弹出的"打开"对话框中找到图像的保存位置，❹选中要插入的图像，❺单击"打开"按钮，如图 13-13 所示。

步骤 02 插入页面导航器。❶在"插入"选项卡下的"元素"组中单击"按钮"按钮，❷在展开的列表中单击"导航器→页面导航器"选项，如图 13-14 所示。

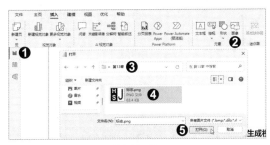

图 13-13

图 13-14

步骤 03 设置导航器样式。选中画布中插入的导航器,将其移至图像下方的适当位置。在"格式"窗格的"视觉对象"选项卡下设置导航器在"默认值"状态下的文本大小和颜色,如图 13-15 所示。接着设置填充颜色和透明度。使用相同的方法设置导航器在"已选定"状态下的样式。

图 13-15

步骤 04 继续设置导航器样式。❶在"网格布局"选项组中设置"方向"为"垂直",让导航器以垂直布局显示。因后续要新增更多报表页,为了预留足够的空间显示所有导航器按钮,❷将鼠标指针放在导航器边框右下角的控点上,如图 13-16 所示。按住鼠标左键并向下拖动,调整导航器的大小,❸调整后的导航器效果如图 13-17 所示。

图 13-16

图 13-17

步骤 05 复制报表页。❶用鼠标右键单击报表页标签,❷在弹出的快捷菜单中单击"复制页"命令,如图 13-18 所示。使用相同的方法再复制出 3 个报表页,❸根据每个报表页要放置的内容重命名报表页,如图 13-19 所示。页面导航器中会自动添加与新增报表页对应的按钮。

图 13-18

图 13-19

步骤 06 测试导航效果。在任一报表页中，❶按住〈Ctrl〉键不放，单击导航器中的某个按钮，如"总体概况分析"，如图 13-20 所示，❷即可跳转至对应的报表页，如图 13-21 所示。

图 13-20　　　　　　　　　　　　　图 13-21

13.5　制作视觉对象

完成页面导航器的制作后，进入本实例的核心任务——数据可视化，即在每个报表页中创建视觉对象，以便对数据进行可视化分析。

步骤 01 创建视觉对象。切换至"品牌分析"报表页，❶在"可视化"窗格的"生成视觉对象"选项卡下单击"卡片图"视觉对象，❷将"数据"窗格中的度量值"总销售额"拖动到卡片图的"字段"选项下，如图 13-22 所示。在"可视化"窗格的"设置视觉对象格式"选项卡下设置卡片图的格式，在画布中调整卡片图的位置和大小。

图 13-22

步骤 02 制作"品牌分析"报表页。用相同的方法继续插入需要的视觉对象，并设置其格式、位置和大小，完成"品牌分析"报表页的制作。可根据需求与视觉对象交互，例如，利用切片器筛选 A 品牌的数据，效果如图 13-23 所示。

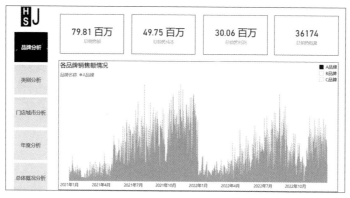

图 13-23

步骤 03 制作"类别分析"报表页。切换至"类别分析"报表页，添加视觉对象，制作出如图 13-24 所示的报表页效果。

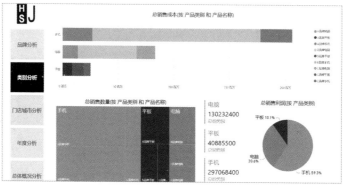

图 13-24

步骤 04 制作"门店城市分析"报表页。切换至"门店城市分析"报表页，添加视觉对象，制作出如图 13-25 所示的报表页效果。

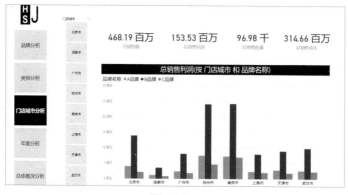

图 13-25

　　步骤 05 制作"年度分析"报表页。切换至"年度分析"报表页，添加视觉对象，制作出如图 13-26 所示的报表页效果。

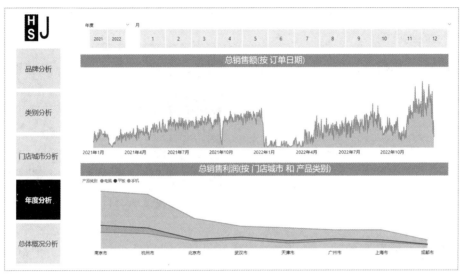

图 13-26

　　步骤 06 制作"总体概况分析"报表页。切换至"总体概况分析"报表页，添加视觉对象，制作出如图 13-27 所示的报表页效果。

图 13-27

13.6 发布报表

完成报表的制作后，需要将报表发布到 Power BI 服务，以便将报表分享给同事和领导，让他们能够在线访问。

步骤 01 发布报表。在 Power BI Desktop 中执行"文件→发布→发布到 Power BI"命令，如图 13-28 所示。

图 13-28

步骤 02 选择发布位置。弹出"发布到 Power BI"对话框，❶选择一个目标位置，如"我的工作区"，❷单击"选择"按钮，如图 13-29 所示。

步骤 03 完成报表的发布。稍等片刻，报表发布完毕，单击对话框中的"在 Power BI 中打开'实例分析 .pbix'"链接，如图 13-30 所示，即可在默认的网页浏览器中打开该报表。在该页面中可根据需求导出报表，或将报表共享给他人。

图 13-29　　　　　　　　　　　　　　　图 13-30